一念花开

让智慧温柔绽放

如玥　著

中国文史出版社
CHINA CULTURAL AND HISTORICAL PRESS

图书在版编目（CIP）数据

一念花开:让智慧温柔绽放/如玥著.—— 北京:

中国文史出版社,2024.10.——ISBN 978-7-5205-4953

-0

Ⅰ.B821-49

中国国家版本馆CIP数据核字第2024U0Q072号

责任编辑：卜伟欣

出版发行：中国文史出版社

社　　址：北京市海淀区西八里庄路69号院

邮　　编：100142

电　　话：010—81136606　81136602

　　　　　　　81136603（发行部）

传　　真：010—81136655

印　　装：廊坊市海涛印刷有限公司

经　　销：全国新华书店

开　　本：32开

印　　张：7.125

字　　数：145千字

版　　次：2025年3月北京第1版

印　　次：2025年3月第1次印刷

定　　价：52.00元

爱是永恒的联结

你可以凭借自己的智慧和勇敢走完生命的全程

初心如一

女性教育是一条问心求道布爱之路

当你穿越生命的淤泥

当你经历人生的至暗时刻

当你看见自己情绪的恐惧模式

……

当你真正敢于面对这些时

你的生命才可能开出花

所有出世的花

都需要入世的淤泥来滋养

当你觉醒后

当你蜕变后

神圣的女性能量就会显现出来

序言　缘起

所有的遇见都是久别重逢，灵魂相契的人是走不丢的。很多朋友好奇我名字中"玥"字的由来。玥，释义为古代的一种明珠。玥即代表东方，东方之明珠以美而璀璨，其光笼罩大地，赋予生活源源不断的力量。希望可以像玥这种古老的神珠一样光而不耀、平和稳定、温柔坚定，这也是我自己修行的一个目标。因此，取名"玥"。

玥，即美学之精神，心悦之理想；玥美，即东方之精神。

我常说，这是一个最好的时代，也是一个最坏的时代。之所以说它"最好"，是因为这个时代为我们每个人搭建了释放潜能和塑造自我的机会与平台。然而，这个"最坏"也潜藏其中，因为，随着机遇的增多，挑战与压力也随之而来。

人生是一段漫长而珍贵的旅程。作为女性，我们在这个旅程中经历了许多起伏与磨砺，在不断地蜕变中成长，从痛苦中获得成熟的馈赠。今年是我从事女性教育的第 16 年，这个数字不仅是一个重要的里程碑，标志着一个阶段的圆满结束，也象征着下一段旅程的再次起航。在这 16 年的时光里，每一次的全力以赴，每一次的勇敢跨越，都为我的人生增添了浓墨重彩的一笔。这些经历，是我人生中最宝贵的财富。

在过去 16 年的女性教育工作中，我接触了上万个女性家庭，讲授了上千场线下课程，去过全国百座城市。一路走来，我深切地感受到当代女性所面临的压力与困境。虽然我们生活在不同的城市，生活环境也千差万别，但是，大家的问题却惊人地相似——职场的压力与迷茫、情感的困惑、自我认知的迷失以及孩子教育的难题等。这些问题虽然普遍存在，但并非微不足道。相反，它们深刻反映了当代女性的生存现状，以及在追求自我实现过程中所面临的艰难挑战。在全国巡讲的过程中，我与无数女性朋友建立了深厚的情感连接，成了她们的树洞，聆听她们关于苦难、挫折与痛苦的诉说。这些经历让我深深感动于她们在困境之中仍然渴望寻求解脱的韧性，也更加坚定了我的信念。作为一名教育工作者，我愿尽我所能，用内心的温暖和真诚陪伴每一个走入我生命的女性朋友。我希望将自己多年的经历、思考和案例经验分享给大家。

各位女性朋友，作为一个母亲、女儿、妻子，你是否能够在这些角色之间游刃有余，感受到快乐与幸福？你的原生家庭、婚姻关系、亲子关系、人际关系都构成了你生活的模样，而在所有这些关系中，最重要的其实是你与自己的关系。通过学习与成长，我们可以不断完善自我、探索内心，改变自己与自己的关系，最终实现成长与觉醒。在今天这个多元角色冲突的时代，能够把自己的生活过得平和舒适，便是女人最大的成功。

回归家庭、进入婚姻生活和做妈妈后，让我重新思考生命和教育的意义，在生命面前没有大师，我们所有人都是生命的学生。生活的真谛教会我在平凡和普通的事物上用尽自己所有的深情，感受到每一丝每一缕的烟火气息，与众生一体。

对我个人而言，这些年来，我一直是父母的好女儿，爱人的好妻子，孩子的好妈妈，同时，也是学生心中的好老师。小时候，邻里乡亲夸我懂事，然而长大后，这种"懂事"却成了我挥之不去的责任与负累。曾几何时，我感到身心俱疲，甚至在产后抑郁的边缘迷失了自我，不知为何而活。回顾前半生，我只花很少的时间真正去感受、体验和拥抱自己。经历了万千之后我见到了真正的自己，见到了自己的心。从此印心而活。

如果你因我的人生故事而触动，在你心中种下一颗觉醒的种子，并最终激发它去探索更广阔的世界，则足矣。

本书将围绕女性在自我成长与探索中的种种困惑，帮助大家在情绪觉醒、婚姻觉醒、情感觉醒、亲子觉醒等生命的多个维度实现生命觉醒。在阅读本书时，我希望大家带着以下三个问题去思考。

第一个问题：我是谁？这个问题问的并非名字、身份或社会标签，而是要深入内心，探索真正的自我。正如山本耀司所说："人是很难认识自己的，一定要与外面的世界去碰撞，从碰撞中反弹回来，然后重新认识自己。"所以，"我是谁"这个课题，也许需要我们用一生去回答。

第二个问题是一组问题：我为何而来？我来到这个世界的目的是什么？我当前遇到的问题是什么？我希望开启什么，放下什么，开始什么？

第三个问题：我要成为怎样的自己？无论你现在是 38 岁、48 岁，还是 58 岁，也许你依然没有找到这个问题的答案。一个人的生理年龄或许可以刻画出年轮的痕迹，但你对人生阅历的理解、对自我的思考，是否已经有了深度？如果没有，那么你依然如同一个懵懂的孩子。

可不要小看这几个问题，它们贯穿我们的一生，也是每个女性在成长过程中必然要面对和思考的。带着这三个问题来读这本书，也许你会发现，在解答这些问题的过程中，我们不仅能够更好地认识自己，同时，也逐渐理解任何人事物进入我们生命的真正意义。通过不断地自我探索与成长，我们不仅能够走向内在的平和与喜悦，还能找到爱自己、爱他人的能力，并最终走向真正的自由与幸福。

愿这本书将成为你开启这段旅程的一把钥匙，我希望它能为你带来力量与启迪，陪伴你走上自我觉醒与成长的道路。

目 录

三　觉知生命，回归生活

四　打破宿命的轮回

一念花开

让智慧

温柔绽放

一

烟火里谋生，月光里谋爱

01

心有安处爱有归途

从小在《正气歌》的熏陶下长大，家门口就是文天祥纪念馆。"人生自古谁无死，留取丹心照汗青。"每当看到这浩气长存的诗句，心中总是汹涌澎湃，也许这种浩然正气已经渗透进我的骨血，像一条永流不息的大河，于岁月无声中流入我的心间。

心有安处，爱有归途。每次回到乡土，带着小王子子心在家乡的小路上漫步，每一步都仿佛踩在时光的记忆上，留下深深的印痕。浓浓的烟火气息和温暖的人情味儿萦绕着我。父亲亲手做的饭菜的浓郁香气，田野里清新的泥土气息，野花的淡雅芬芳，这些美妙的味道交织在一起，构成了独特的气息，让我无论漂泊多远，都能在心灵深处真切地感受到它的存在，感受那份质朴生命的流动！小时候我在天地间奔跑，无拘无束以万物为师，现在身上些许灵性和美好的品质都来自乡土的纯粹朴素。如今无论我身处何方，乡土记忆就如一盏明灯，照亮我前行的道路。越见世间繁华，越能感受风物美好、万法自然！

故乡是无数文人墨客创作的源泉，故乡也是我血脉的源泉，生命的摇篮，是根、是魂、是归宿！这片土地浸润着红色与节义的精神——杨万里、文天祥、欧阳修……这些名字及其故事深深地烙印在我的血液和骨髓里，也让我的骨子里融入了风骨。所谓一方水土养一方人，感谢故乡的山水养育我桀骜的性情。

这些年，在身边人眼里我是那个温柔坚定、倔强强大的人，总能在面对学员的倾诉时给予她们安慰和支持，在自己的人生低谷时也能果断决策重新出发。但我深知支撑我做到这一切的力量，很大一部分来源于生养我的土地、我的家庭和那些在我生命中占据重要位置的人。

家庭，犹如一座坚实的堡垒，在生命的长河中连接着过去与未来，承载着我成长的点滴记忆和情感的积淀。我的家庭并不富裕，但充满了爱。父母给予我的无条件的爱与信任，为我的生命涂上了最初的色彩。那片土地所赋予我的厚重与无私、坚韧与承载，首先体现在我的母亲身上。很多人都说我坚强、有力量，能够勇敢地面对生活的挑战，但是在我心中，最坚强勇敢的那个人是我的母亲。爱的力量让我一路成为今天的我。

我的母亲是一位普通的农村妇女，没什么文化，却总是乐观、坚韧。她看似柔弱，但内心无比强大。无论遇到多大的困难，经历多少辛苦，她总是默默地承担，从不在我们面前流露分毫。

母亲是那个为家人付出最多的人，她不仅操持全家的事务，还出去打多份零工。在我幼年的记忆中，母亲的身影总是模糊的。从早到晚，她每天都在为家庭奔波。当我早晨醒来，她已经出门工作；当我夜深入睡，她才刚刚回到家。她的世界很小，小到只有家庭和孩子；她的世界很大，大到能承担家族的一切风雨。日复一日，年复一年，她像一台永不停歇的机器，从不知疲倦。

母亲为什么要如此付出，甚至到了偏执的地步？我知道，她是为了我们兄弟姐妹能读书，走出山村。对于靠土地谋生的父母而言，读书是儿女最好的出路，也是他们最深切的期望。

与同时代的许多父母一样，我的母亲不善言辞，更不擅长表达情感，她很少用言语来表达爱，加之生活的艰辛在她的脸上刻下了岁月的痕迹，使她显得过于严厉。小时候我们无法理解她对我们的严加管教，成熟后才知道那份严厉中藏着的是深沉的爱。她严厉地要求我们不能太晚回家、未经允许不能吃别人给的东西、不能和其他小朋友吵架……如果我们犯了错，她不仅会批评，有时还会揍我们。

我是在村里长大的孩子，淘气、顽皮，常常惹祸。有一次，我在水塘边发现了一棵长满藤条的树，看着满树垂落的枝条，我突发奇想，如果用藤条编一架秋千，在水面上荡秋千，该多么好玩！于是，我带头将这个想法付诸行动，编好秋千以后，还拉上一群小朋友一起玩耍，在水面上轮流推送，感觉美滋滋的。母亲得知后，给了我一顿"竹笋炒肉"。她一边用树枝抽打我的腿，一边厉声问道："下次还敢不敢？""叫你带队玩创意！叫你书不好好读，一天天就知道玩！"母亲的愤怒不仅因为我的淘气，更多的是担心我的行为可能会让我和其他孩子陷入危险，但儿时的我并不理解。总之，在母亲那份严厉下，我越来越恐惧和逆反。

上初中时，我在学校寄宿，每周可以回家一次，所以，特别珍惜和家人在一起的时光。当时的交通不便，往返两地只有巴士，而且一班车可能需要等半个小时以上。有一天，我错过了回学校的巴士，眼看就要迟到，又怕错过晚自习班主任点名。就在这时，母亲安慰我："没事，我骑自行车送你，不会迟到。"由于路程遥远，自行车骑行至少需要一个多小时，然而天公不作美，路上突然下起了从未有过的狂风暴雨。母亲怕我受凉生病，立刻脱下自己的外套给我穿上，还把仅有的一件雨衣套在我身上，她自己则只穿了一件薄短袖。那个雨天，那段路仿佛无比漫长，风真的很大，母亲艰难地踩着自行车，我坐在她的后座上，她的喘息声不断地在耳边响起，看到她的汗水与雨水混合在一起，不断从脸上滑落。那一刻，我心中涌起一种汹涌的情感——母亲的爱朴实无华却深沉。从那天起，我收敛了调皮的一面，不再与母亲对抗，并开始理解她的辛劳和不易。因为感受到了那份深深的爱，我愿意努力学习，并决心走出这片土地，让她过上好日子。

母亲以无比的承载力，为我打造了人生的基石。我的讲课所蕴含的能量与情感，皆源自她那深沉而宽广的心灵。当我站在讲台上，面对一双双渴求的眼睛时，我仿佛感受到母亲的力量在我体内流动。那是一种令人敬畏的坚韧与智慧，正是这些品质，赋予了我面对生活挑战的勇气，给了我去影响他人、去传播知识、去照亮他人前行道路的力量。

我感激母亲赐予我生命。在我心中，她虽然没什么文化，却是一个有智慧的人，是灵魂深处有净土的人。她的勤劳朴实、坚强乐观、承载托举，都成为我生命中最宝贵的财富。以她为镜，我学会了接纳自己的不完美，从而变得更加柔软和宽容。站在母亲的肩膀上，我走出了一条与她完全不同但同样充满爱与智慧的道路。

02

父爱如山爱能生花

有人曾问我，你为什么如此热爱舞台分享？以前我也以为是天生的，后来发现其实原动力来自父爱，一个父亲最纯朴的爱的力量！父亲和母亲的性格和爱的方式不太一样，从小到大，父亲对我没有一句责骂，永远是无条件地相信和支持。道理到达不了的地方爱可以到达，这份厚重的父爱让我生长出一颗勇敢自信的心，更让我学会了无论是在人生低谷还是高峰，都应无比虔诚，敬畏珍惜。所以在这些年里，无论遇到任何困难、挫折，我都会坚强地面对，因为，我是父亲的掌上明珠，是自己永远的女王。那颗纯粹自信的心，来自 100% 确信我是独一无二的。

爱能生力量，爱能生花，这使我后面爱情、婚姻、创业时无论遇到多大的困难和挑战，都从不轻言放弃，我深信只要善良努力，加上有效的方法，终有一天世界会将最好的给到你。

如果说母亲带给我的是承载力，那么父亲则教会我自信正直。父亲常挂在嘴边的口头禅是：人这辈子得意不要忘形，失意不要变形，迟早会好的。

小学的时候，我的成绩一般。有一次，老师让我代表所在村小学去参加市里的朗诵比赛。回到家后，我既兴奋又忐忑地将这个消息告诉了家人。然而，当得知参加比赛需要昂贵的报名费，而且还要准备新衣服时，除了父亲，其他家人都一致反对。

那一天的情景我至今难忘。父亲带我去了步行街。我们先去了服装批发城，那里的衣服只要十几元一件，但是转了一圈后，我始终没有找到合意的衣服。最终，父亲带我去了步行街的专卖店。很快，我就被一条三层的蛋糕裙深深吸引，那就像一条白雪公主的裙子，闪闪发亮，好看极了。我站在那里挪不动脚，眼巴巴地看着父亲。

父亲看出了我的心思，便走进店里询问价格。当得知那条裙子要五六十块钱时，他并没有买下。那一刻，我虽然有些失望，也有些难过，但还是乖乖地随父亲离开了。回家后，父亲才告诉我，之所以没有买那条裙子，是因为他身上没有带够钱，明天一定再去给我买回来。

第二天早上，父亲卖掉了家里唯一可以换钱的谷子，换来了足够的钱。下午，带我去了那家专卖店，买下了我心仪的裙子，还有一双乳白色的丝袜和一双皮鞋。穿上后觉得自己好像真的变成了童话中的公主。

然而，当我们回到家后，家中的气氛却异常凝重。奶奶和母亲因为我参加朗诵比赛的费用问题，与父亲争执起来。

"是不是她想要天上的月亮，你也会想方设法摘给她？"母亲略带责备地问道。

父亲却一本正经地说："你们不要想那么多，日子总是要一天天过好，我们家虽然不富裕，但我的女儿最贵。"

父亲的声音坚定有力，仿佛一股无形的爱的力量注入我的心田。那一刻，我深深感受到了父亲的爱，这是一种超越物质条件、用生命去呵护和珍视的爱。"我的女儿最贵"，这句话如同一盏明灯，照亮了我前行的路，让我知道在这个世界上，确确实实有人愿意用尽全力去爱我、支持我。

朗诵比赛当天，父亲早早起床，督促我穿好新裙子和新鞋子，还亲手为我扎了一个漂亮的辫子。在他的加油和鼓励下，我满怀信心地走上舞台，凭借出色的表现取得了市少儿组的冠军。这是我人生中一个重要的节点。

这些年关关难过关关过，没有任何困难能够阻挡我逐梦的脚步。我知道，这一切主要源自我内心深处的生命力和自信，源自我对自己的笃定。这股生命力如同一条河流，源头站着我的父亲和母亲，是他们推动着我的生命之河自由地向前流淌。

父母之爱子，为之计深远。我沐浴在爱的星光下，悄然生长，心中充满了力量。

03

无问西东一路向前

2004 年，我考入了省城的一所中医药大学的医美专业，开始了全新的人生旅程。然而，刚刚步入大学的憧憬和喜悦还未完全消散，生活的重担却已悄然而至。

我至今仍清晰记得，大一开学时，父亲送我到学校报到。在交学费时，他从口袋里缓缓掏出一沓厚厚的钞票，一张一张地仔细数着。这些钱，是一家人早出晚归的辛劳结晶，是从播种到收获的大半年心血，更是父母眼中殷切的期盼与重托……他数了好几遍，才最终将这些钱交到老师手中。

这一幕深深触动了我。我意识到不能再依赖父母，家里兄弟都还在读书，作为长姐我必须学会自力更生，减轻家庭的负担。

于是，我开始利用课余时间，积极寻找兼职工作。

我的第一份暑期工作是在某高端彩妆护肤品牌担任兼职，兼职工作的经历贯穿了我整个大学寒暑假。最初，我对美妆行业一无所知，但通过不断学习，我很快掌握了产品知识和讲沙龙课技巧。

随着时间推移，我从一个刚入门的形象顾问，逐渐成长为团队中好评率最高的形象顾问老师。我热爱这份工作，享受与顾客交流的过程，为她们提供专业的美妆护肤建议和服务。凭借专业技能和出色表现，我赢得了公司的认可，成为公司的首席形象顾问老师。

然而，人生总是充满了选择和变化。在校期间我的努力也得到了班主任的认可，老师极力推荐我去南昌最好的三甲医院实习。然而，在医院工作实习期间，虽然老师们特别关照我，我还是感到无比压抑，我逐渐意识到尽管医生是一项崇高的职业，但它并没有带给我内心深处的满足和快乐。

大学毕业后，我没有选择留在医院，而是选择成为一名老师，我面试成功后进入江西一所艺术学校任教，成为学校人物形象设计专业的一名专业授课老师。

从 2007 年到 2009 年，我全身心投入教学，教学相长的过程让我在传授知识的同时也在不断提升自己的技能。尤其是当我看到学生们通过我的课程提高专业能力，进而在行业中崭露头角获得大奖时，内心的喜悦和成就感油然而生。那时就感觉教育真的是实实在在地帮助学生改变命运的。每当学生们兴奋地向我分享他们的成功时，我都感到教师职业是如此意义深远。那几年的教书时光，也感谢学校领导将我以优秀老师的身份推荐到省电视台做美学形象栏目。工作井然有序也算光鲜。然而，一场突如其来的意外打破了我平静的生活。

母亲遭遇了一场车祸，撞到了腰部尾椎骨。医生告诉我，母亲需要进行手术，费用高达 10 万元。当我看到母亲眼中的无助时，我陷入了沉思。

或许是看出了我的为难，母亲忍着疼痛轻声说："没事的，我不痛，不做手术也可以，养养应该会好的。"那一刻，我如坐针毡，内心充满了自责与羞愧。这一现实促使我开始深刻反思自己的未来与职业规划。

于是，我决定辞去教师的工作，寻找一份既能发挥职业潜力，又能为家人提供更好生活的职业。

"如果你喜欢教育之类的工作，可以考虑企业商学院的导师，去企业商学院做导师收入弹性相对比较大，我的朋友几年就自己买车买房并把家人接到了身边。"为了让父母过上好的生活，朋友的建议点燃了我努力挣钱的希望。

不久，机缘巧合下，我正式踏足新的领域。随后没日没夜扑在工作和学习上，花了 3 年时间，除了担任美业公司商学院授课导师，还担任公司核心品牌的操盘手。记得那时每天都奔波在大小会议的路上，参加国内外旅游会、签单会、终端沙龙会等。虽然疲累，但我依然感谢那段时间自己的努力，因为工作的原因拥有了大量赴国内外学习的机会，既拓宽了视野，也放大了格局。记得 2012 年公司安排去了迪拜、日本、韩国、泰国、德国考察和游学，去了很多不曾去过的很远的地方，凭借努力工作也让我获得了很高的收入，或许这些经历和财富是教一辈子书都无法实现的。然而，正当所有人觉得我走向成功时，我内心却开始感到前所未有的困惑与迷茫。行业中似乎人人都在追求自己的利益，从而忽视了过程的意义。这种利益至上、毫无人情可言的商业化环境让我不想融入，加上情感上的挫败，让我见识了人性最丑陋的一面，倍感身心疲惫。

在此期间，我遇到了行业中许多优秀的女性。她们虽然财富与美貌兼具，却也经常焦虑、痛苦和纠结。在婚姻、事业和家庭之间的挣扎中，她们的内心同样充满了压抑与苦闷。面对这些现实问题，我陷入了思考：女人这一生到底要什么？我开始不断地追问自己，除了美貌、金钱，还有什么是我内心深处渴望的？

04

寻找内心的真实答案

为了寻找内心的答案，我又一次辞职了，我去海内外学习，遍访名师。

我拉着行李箱独自开启我学习的旅程。在这段历程中，我不断汲取新知识，拓宽认知边界，同时深入思考自己未来的方向——女人要的不仅是美丽，更是美丽的人生，我逐渐萌生了创业的念头。

我的脑海中闪现出"美学"这个词，我决定做回我的热爱和擅长。很多人将美学理解为外在美的延伸，比如气质、装扮、身材等，然而在不断地探索中，我逐渐领悟到心灵美学的重要性。美学的真正内涵关乎人类对美的感知、理解和表达方式，旨在为人们提供一种思考、评价和表达美的理论与方法。

　　美丽的人生不仅需要外在形象的提升，更需要内在智慧的积累，唯有如此，才能在这个纷繁复杂的世界中找到真正的幸福。

　　这一刻，我的理想破土萌芽：我想打造一个一站式内外兼修的女性教育平台！我希望通过这一平台，让每一位女性都能在外在形象上散发自信与魅力，同时，在内在修养上积累智慧与力量，从而过上幸福美好的生活。

　　2014 年 10 月 1 日，成立了第一家公司。最初，公司的业务板块只是专注于形象美学，提供个性化的色彩风格诊断和外在形象塑造课程。慢慢地，应学员的要求，我们开始将业务延伸到心灵美学、生活美学，幸福疗愈。

　　然而，理想很丰满，现实却很骨感。创业初期，数不清的困难与挑战接踵而至——资金短缺、人员不足，一度让我陷入困境。当时，为了维持公司的运营，我不得不身兼数职：白天是女神老师，下班后带着助理立刻变身为"派单小妹"，甚至连之前看不上的小订单也会努力争取。那时候，所有人对美学这个词还很陌生，几乎无人问津，更有甚者以为我是教美术的老师。

　　一天，我收到了一位地产公司经理的邀请，希望我在新楼盘开业活动上做一场美学演讲，借以吸引观众停留并参观楼盘。起初我有些犹豫，因为对方的活动预算有限，演讲的场地和氛围都不够高端精致，观众也缺乏相关理解的基础。不过，经过一番权衡，我最终决定接受这个邀请。

这次演讲是我职业生涯中极为特殊的一次。活动现场的楼盘营销中心放置了两个音响，播放着嘈杂的广告，许多观众来回走动，有的在聊天，有的刚买完菜来到现场，还有一些小孩在跑跳，整个场面喧闹不堪。我站在临时搭建的简陋舞台上，讲解色彩和服饰的搭配。尽管只有零星几个人对我的演讲表现出关注，连主办方都说你随便讲讲就行，可出于职业习惯，我依然尽心尽力地完成了所有的讲解，努力让我的内容对听众有所启发和帮助。这是一种敬畏舞台、敬畏专业的态度，是我骨子里的一种匠心精神和习惯了做老师的执着使然，但在很多人眼里可能就有点儿傻劲了。

演讲结束后，可能被我的这个"傻劲"吸引，一位男士主动走向我，留了我的电话，并告诉我他全程聆听了我的讲解。他好奇地询问了我的工作领域，并对我的讲解给予了高度评价，认为内容新颖且富有洞见。让我惊喜的是，他竟然是某知名女装品牌的创始人，今天恰好过来看楼盘。

不久后，他亲自来到我的工作室。通过简短的交谈，他觉得我的专业落地性超乎他的想象，希望我为他公司 300 名导购提供美学服饰搭配培训。在我详细阐述了培训的理念和方案后，我们最终愉快地达成了 50 万元的全年培训业务合作。这一切竟在短短半小时内完成。所以，高手总是一眼就能读出你的精神内核。

老天从来不会辜负笨小孩。冥冥之中自有定数，天道酬勤，前面 6 年做教育的匠心精神为后续工作室开展工作打下了坚实的基础。

人生每走一步都算数。工作室开业后，我不知道做了多少个 1 对 1 个案服务，大小沙龙讲座不知道讲了多少场，最后凭借对美的独到理解和匠心精神，获得了当地官方媒体和业界各行各业的高度认可。

2016 年底，我前往上海学习，接触到当时中国最大和最头部的女性教育平台，这个平台专注于品衣识人、身心疗愈和女性魅力幸福赛道。公司和平台合作后，我的档期也全部被订满。2017年从杭州出发，开启了我的全国巡讲之路。那时候，一年 365 天，我有 300 天都在舞台上授课。读万卷书，行万里路，不如阅人无数，阅人无数不如直接进入。本欲度众生，反被众生度。

触碰过上万个灵魂，了解过万千不同的家庭。回想那近 3 年时光充实幸福，负起使命和担当，我才能从"小我"突破到"大我"，深刻体会到每个女性背后不为人知的辛酸与独特，进而尊重每一个生命。这份谦卑源自对生命的敬畏，同时，也赋予我无限经验和力量。

05

生命背后给我的启示

在漫长的人生旅途中，我时常感觉自己仿佛被一种神秘的力量指引，走进一个个女性的内心世界，聆听她们的故事，见证她们的蜕变。这些女性来自五湖四海，拥有各自独特的人生经历和故事，但她们都在生命的某个阶段与我相遇，使我有机会进入她们的生命，帮助她们找到更完整的自我。这种经历不仅成就了她们，也成就了我，成为我人生中最宝贵的财富。

在这些女性中，有 20 岁便已为人母的年轻妈妈，有渴望孩子却与生育无缘的不孕患者；有身患绝症、时日无多的病人，也有外表光鲜靓丽的都市白领；有天真可爱的少女，也有妩媚动人的新婚妻子；有理性冷静的职场精英，也有浪漫脱俗的艺术家。在授课的旅途中，我逐渐发现，每一位女性都如同璀璨的星辰，在各自的领域发光发热，展现着独特的魅力与故事。尽管她们在生活中可能遭遇挫折与磨难，但那份对幸福的执着追求从未被磨灭。

生活本来就是柴米油盐、家长里短，能在其中活出智慧，在世俗辛劳中获得解脱，生活大概也就没有那么艰辛了。热热闹闹地活在当下，活出自我，也不失为一种幸福。然而，无论如何安逸，我们一定要有谋生的能力；无论如何陷入爱情，一定不要迷失自己。遭遇困境就尝试发出最强音，遇人不淑也要柔情缱绻尽心谋爱，在经济实用的大众化生活中做一个自强不息的女人。

我创办公司的初衷是以"传播美，分享爱"为宗旨，致力于打造一种集生活美、心灵美、生命美为一体的全新的美学生活方式。通过美学教育、幸福教育、生命教育，让所学的知识可落地，希望学员通过学习，能够服务于生活，活出生命的那份大美。

我一直坚守的信念是，我做的不仅是教育课程，而是一套真正让人变好的生命陪伴成长系统。公司不仅是女性一站式内外兼修成长平台，同时，也搭建了一个教育加产业落地幸福生态，用商业载道方式让我们实现精神物质双修，让学员外修颜值，内修灵慧，回归爱与自由、活出来。

一个人专注于审美、纳悦自己、滋养身心的过程，妙不可言。放慢步调、雅致生活，去发现身边事物和生活中的细微美好，你会慢慢感受到其中的深意。真正的美学不光是外在，更源于我们内心与事物的连接和印心，随着这份连接，你会发现越来越多值得思考和探寻的美学奥秘，源于我们与万事万物的印心，无论是事业、爱情、家庭，还是形象，美学应该是一种对生命的从容态度，一种对生活的闲适享受，以及一种对人生的豁达胸怀。而印心便是一种高度和境界，更是一种开悟觉醒的觉者的状态。

06

教育无他，榜样和爱而已

　　我第一次见到露露时，她面容憔悴、脸色蜡黄，那头勉强算得上乖顺的头发被随意扎成低马尾，仿佛象征着她已搁置一旁的独立人生。长期做家庭主妇的她，生活中的琐事、不被重视的痛苦、复杂的家庭关系交织成一张无形的网，将她紧紧困住。

　　"都怪我那个什么都不管的老公！""都怪我那个挑剔啰唆的婆婆！"一开口，我便察觉到她强烈的受害者心态，她忽视了自身的问题，将一切责任推给他人或客观环境，认为自己无辜地受到了伤害或不公平对待，希望得到别人的同情与安慰。我认为当务之急不是调解她的家庭矛盾，而是帮助她认识到自身思维中的陷阱，明确她在家庭中的定位。心理学有句话叫作"谁痛苦，谁改变；谁改变，谁受益"，只有真正认识到自己的问题并加以改变，才能找到通向幸福的方向。

"换个角度看问题，你或许会得到不一样的答案。"在我无数次耐心陪伴讲解、细致分析下，她逐渐摆脱了束缚她的固执"小我"，仿佛找到了曙光，照亮了她充满迷茫与阴霾的内心。全国巡讲的路上就像孕育女儿一样给予陪伴和力量，我也尽心尽力毫无保留。"梦想"这个词语，对于一个长期被家庭琐事困扰的主妇来说，如同荒漠中的绿洲，珍贵而遥远。经过一路的陪伴，她勇敢地迈出了追寻梦想的第一步。这一步虽然微小，却充满了无尽的勇气和希望。

从那一刻起，她深刻领悟到，力量的源泉不仅在于外界，更在于自身。她踏上了自我成长的道路，逐渐让自己变得更加出色，更具价值。她学会从内心深处审视问题，发现那些困扰她的难题其实是自己默许的；那些痛苦，亦是自己选择承受的。她开始以全新的视角看待自己，从一个平凡的家庭主妇蜕变为一个优秀讲师。在这一转变过程中，她不仅找回了失去的自信，还成为他人自信的源泉。曾经的她或许内心有过自私和狭隘，但如今，她已拥有宽广的胸怀和乐于助人的品质。她用自己的经历告诉世人，每个人都可以超越自我，成为更好的自己。

当露露告诉我"老师，太感谢你了！现在我和我老公、婆婆的关系改善了，整个家庭其乐融融"时，我由衷地为她高兴，同时也感受到了女性教育和生命陪伴系统的魅力。

而今，露露通过自己的生命蜕变，成长为一位倾听疗愈师。她不再需要我也可以独立地行走于天地间，就像孩子独立以后离开妈妈也能很好地生活。从她身上，我坚定地相信，教育无他，榜样和爱的力量而已，建立一套完整的生命陪伴系统真的可以唤醒和影响更多生命。教育的本质是"一棵树摇动另一棵树，一朵云推动另一朵云，一个灵魂唤醒另一个灵魂"。感谢自己这一路的坚守，打磨出了一套完整的幸福传承导师生命陪伴系统。

孔子说："博学之，审问之，慎思之，明辨之，笃行之。"花一瓣一瓣地开，路一步一步地走，诚心诚意，实而不妄。真正的成就不是拥有，而是给予付出和爱。在我心里，教育的本质是用真善美去影响、唤醒和疗愈更多的灵魂！

07

独自一人在暗夜中行走

2020年，我的人生走到了另一个阶段。新冠肺炎疫情突如其来，防控措施迅速升级，整个国家和城市的节奏戛然而止。会议课程全部取消，对教育服务行业而言，这无疑是灭顶之灾。公司刚好那个期间投入的1500平方米的美学馆，无法正常运营，但日常开销仍然存在：水电、房租物业、工资……压力像一座大山压在我胸口。加上怀孕，体能跟不上，力不从心，业务几乎停滞，心中百感交集。我偷偷地掉过无数次眼泪，体悟到梦想与现实的差距，家庭和事业的平衡有多艰难！

2021年，新生命降临的喜悦冲淡了疫情反反复复带来的忧伤。但好景不长，坐月子期间因为情绪低落，我患上了急性乳腺炎，整个胸部硬如石头，内部充满脓水。医生建议切开引流，我坚持每天采用针管抽取，过程长达 15 天，每一天都在剧痛中度过，痛如刀割、针扎、火烧，但只能一个人默默忍受，独自熬过漫长的黑夜。

身体的痛苦尚且可以治愈，心灵的痛苦却无处遁形。对于女性来说，平衡家庭与事业始终是一个挑战。从一个舞台上享受鲜花掌声的讲师，从一位果敢干练的职场女性，变为只能每天哺乳的"奶牛"，生活的琐碎如潮水般涌来，让我无所适从，家庭生活的一地鸡毛，各种婆婆妈妈的事情更是让我应接不暇。我就像一条热带鱼来到了极寒之地。在那段日子里，我陷入了深深的绝望，前方仿佛一片黑暗。躺在床上，我目光呆滞地盯着天花板，整日沉默无言，不想和任何人说话。泪水早已流干，我感觉自己被世界遗忘，不再被需要、不再被看见、不再被认可，人生陷入至暗时刻。作为一个讲了13年女性魅力幸福课程的导师，我居然产后抑郁了，作为一个心灵老师我自己的情绪病了，说出去就是个天大的笑话，更不会有人信，关键是也无一人可说。那种灵魂陷入黑夜的感觉无法和任何人诉说，难怪会有产后母亲无助中抱着刚出生的孩子直接坠楼，那是怎样的绝望啊！

那一刻我内心开始真正去感同身受，悲悯自己也悲悯天下的女人。

在无数个暗夜中，我开始重新思考生命的意义：我从哪里来？我要去哪里？我不断地问自己，但没有一个人能给我答案。每一个这样的时刻，我都清晰地洞见自己灵魂深处的那个我，而不是社会和身边人构建的我。

一个人见天地，见众生，最后真正要见的还是自己。如果说全国巡讲 3 年使我担负起了自己的使命，那进入生活琐碎那 3 年经历了产后抑郁痛彻心扉后我知道了什么是天命，经历种种后，内心有一股强大的能量升起，就想义无反顾地为行业和女人做点事情。

希望自己能成为教育行业的一个守塔人，我坚定地告诉自己要成为行业中的一股清流，致力于培养更多的幸福导师。无论这些导师是在舞台上活跃，还是在家庭中默默传播幸福，她们的存在都将为这个世界带来光与爱。我深知，如果一个家庭中有一位女性拥有幸福的智慧，那么这个家庭便如同沐浴在温暖的阳光中，孩子们不会迷失方向，也不会经历痛苦。

通过新冠肺炎疫情期间回归家庭、进入婚姻生活和做妈妈的体验，让我重新思考生命和教育的意义，并最终领悟到，在生命面前没有大师，我们所有人都是生命的学生。生活的真谛教会我要在平凡和普通的事物上用尽自己所有的深情，成为那种能感受到每一缕烟火气息的人，与众生一体。

　　从起点出发走到山顶，一路下坡，再到山顶，上山和下山的风景一样，但景色却如此不同！感谢岁月打磨了我，沉淀了我！我穿越了千山万水，一路跌跌撞撞，但从未停止向阳奔跑！感谢自己的不放弃！

　　每个人都有自己的困境与不易，因此，我学会了用更加慈悲的眼光看待生命。我将用心陪伴这些导师在创业的道路上砥砺前行，去见证她们从青涩到成熟的每一步。这不仅是我的个人目标，更是我内心深处的期许——愿所有女性在我们的陪伴与支持下，都能焕发出更加自信独立的魅力。

　　回顾过去，我也曾在黑暗中摸索，也曾迷失。然而，正是这些经历让我更加坚强与成熟。我将用经历、学识为女性发声，为行业请命，同时，以更加坚强和自信的态度，迎接未来的挑战与荣光！

08

以我来时路赠你沿途灯

　　师者传道授业解惑也，既为人师，当为示范，启迪思想，温润心灵，以我来时路赠你沿途灯。教育从来不是人货两讫的买卖，女性教育之路更是一条问心求道布爱之路，起心动念皆是因，当下所受皆是果，你所有得到的总和，都是你生命福报数据能量的叠加。心力觉醒时代，利他已经不是什么境界，而是企业和做人的基本素养，你心里装着多少人就能成就多少人。内修于心，外施于行，以生命美学幸福教育为灵魂，让生命温暖生命，让生命影响生命。

　　这种以爱的觉醒为基础的教育，不仅适用于课堂，也适用于家庭关系的经营。在家庭中，女性不仅是孩子的启蒙者，还是家庭和谐的守护者。

在以往的咨询案例中，我发现了一个普遍存在的问题：在经营家庭关系时，女性往往需要学习如何与丈夫、子女、公婆等家庭成员建立良好的沟通和互动，需要深入了解家庭成员的性格特点、需求和期望，从而以更包容、更理解的态度来维护好关系。良好的家庭关系不仅能让家人感受到温暖和关爱，还能促进家庭的和谐与美满。

晓琴的故事就是一个典型的例子。

"你女儿偷了室友的口红，当场被抓到。你赶紧来学校处理吧。"当班主任用不太客气的语气通知晓琴时，她的脸仿佛被火辣辣地打了一巴掌，羞愧、愤怒、难过等情绪交织在一起。晓琴来不及细想，第一反应不是询问事情的缘由或维护女儿的名誉，而是立刻向老师道歉，并立即打电话责骂女儿。想到接下来还得去学校陪女儿公开检讨，她焦虑到失眠。后来，女儿请假回家，几天一言不发，母女关系降到了冰点。在朋友的推荐下，晓琴找到了我，希望得到帮助。

听完她对整个事件的描述后，我问了她几个问题："你真的认为她偷了口红吗？""或者说，你心底里真的认为你的女儿是个小偷吗？"

一阵沉默，我的问题显然让她开始重新思考。于是我进一步引导她："你们家的经济条件并不差，买一支口红对孩子来说并不困难。那你有没有想过，她为什么要去偷呢？"

她的眉头紧锁，似乎这个问题让她感到困惑。

我告诉晓琴，一件事的成因往往很复杂，需要从多角度去了解，不能仅听信一面之词。孩子最亲近、最信任、最在乎的就是母亲的看法。如果连自己的母亲都不愿意花时间去了解自己、不愿相信自己，她还能指望谁会无条件地爱她、信任她呢？因此，我建议晓琴和女儿进行一次深入的谈心。首先，她必须向女儿道歉，表达自己对她的信任与支持。更关键的是，她需要深入了解女儿的内心，探寻事件背后的真正动机，并坚信她的女儿并非"真正的"小偷。

那晚，晓琴与女儿敞开心扉、促膝长谈，并得到了有效的回应：女儿在学校缺少朋友和关注，内心的孤独让她"剑走偏锋"——想通过偷东西来引起他人的注意，渴望得到同学们的更多关注。谈话中，母女俩都泪流满面，晓琴终于明白了女儿的处境和真实的想法。在那一刻，两颗心紧紧地贴在了一起。

在接下来的日子里，晓琴用智慧化解问题。除了与老师和同学积极沟通、解释，缓和校园中的紧张氛围外，她还教导女儿如何正确地与人交往，以友善温和的方式处理矛盾、收获友谊。渐渐地，晓琴的女儿走出了阴影，重新找回了阳光与自信，并顺利考上了大学，开启了新的人生旅程。

"玥老师，您不仅深深影响了我和我的女儿，还改变了我们整个家庭的关系与氛围。"回首这段经历，我深刻体会到教育的力量和智慧的价值。有时，一句温暖的话语、一个正确的引导，足以改变一个人的命运轨迹。

这些女性的故事让我更加理解了生命的意义与价值，也更加坚定了自己的信念和追求。在教学中，我始终坚持"以人为本"的理念，尊重每一个学生的个性与需求，聆听她们不同的经历与故事，感受她们的喜怒哀乐，陪伴她们走出人生的低谷。希望用专业知识和经验为她们提供个性化的指导与帮助，鼓励她们勇敢追求梦想与目标，不为传统观念所束缚；引导她们关注内心成长与职业发展，不断提升自身综合素质与能力。直到看到她们冲破重重障碍，重获新生。

在与无数女性交织的人生旅途中，每一个故事都如同璀璨的星辰，照亮了我前行的道路。她们的笑容、泪水、挣扎与成长，都深深烙印在我的心中，成为我人生中最宝贵的财富。我见证了更多人在幸福的道路上找到方向，从而心生喜悦。

二

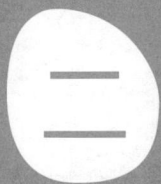

活成忠于自己的模样

01

爱情信仰的破灭

英国诗人拜伦说："爱情对于男人不过是身外之物，对于女人却是整个生命。"爱情之于女人，是永远无法解开的谜题。爱是一种不死的欲望，既能让女人沉沦，也能给她们带来不朽的救赎。她们在爱中一次次受伤，却从不惧怕，她们在爱中勇敢，在爱中重生。

年轻时，我也曾把爱情当作一切，并为此无条件地付出，这就是我对爱情的信仰。然而，当一个人内心不够圆满时，他根本无法真正获得别人的爱，而年轻的我并未意识到这一点。其实许多人和我一样，在寻找另一半时，并不是在追求爱情，而是在满足自己内心的某种需求、缺失或渴望。

当然，二十几岁的年纪，我们都会犯错，我年轻时也犯过错，我也曾遇人不淑。成熟之后就明白爱情不是一切，唯有内心的独立与完整，才能让人真正自由。

感谢那段情感挫败的经历，让我不断学习提升自己的认知，让我一直走在探寻生命成长的道路上。在这个过程中，我升起悲悯之心，悲悯自己也悲悯我的学员，我的思绪不断盘旋在一个个问题上：女人若没有智慧、没有判断力、没有经济独立能力，会有多么危险？若不能在社会上拥有价值，又会有多么可怕？

回头再看，这一切的根源在于智慧不足。善良固然是美德，但如果没有智慧做伴，便会成为伤害自己的利器。在那段受伤的情感关系中，我缺乏判断力，也低估了情感中的风险。我一直在寻求那种纯粹的爱，试图在情感的缺失中找到安慰，结果却失去了理智。

我开始意识到，女人无论多么善良，都必须拥有辨别和清醒的能力。唯有如此，才能保护自己不为情感所蒙蔽，才能在复杂的社会中立足。那次的教训让我成长了许多，所以，我要提醒所有女性保持清醒的头脑，在面对情感和诱惑时，时刻保持智慧与自我独立。

有时候，我觉得我要感谢这些磨难，因为，它们并不是为了让我沉沦，而是让我战胜情感痛苦，敦促我后来在全国巡讲，讲女性魅力、女性幸福力课程时，去帮助更多的人实现情感突围。每当站在讲台上，我都能感受到自己在向台下的女性传递力量。我不是在单纯授课，而是在分享能量，帮助她们变得更好，重塑生活。这一切让我明白，人生中的挑战和痛苦是我们成长的养料，它们将我们塑造成为更强大的自己。

02

先成为理想的自己

在我以往的个案咨询过程中，当有人问"如何找到理想的伴侣"时，我会直白地告诉她，问问题本身就在外求。我们希望对方符合我们的某些标准，具备我们想要的某些品质。然而，这种外求的过程往往充满了欲望和索取，容易让我们忽视更为根本的问题：我们自己是不是理想的自己？

我会告诉你，如果一个人希望找到一个 80 分的伴侣，那么他首先需要反思的是，自己是否达到了 80 分？我们必须明白，吸引理想伴侣的前提是我们自身的成长和完善。只有当我们自己变得足够好，才能在寻找的路上遇到那个同样优秀的人，不要做白日梦想嫁个定制版男友，如果这世上真有一个男人什么都符合你的理想，先看看自己的配置是否能匹配，愿每一位女性都能带着智慧与勇气，找到属于自己的优质伴侣。

我们在茫茫人海中寻寻觅觅，渴望找到那个能够携手一生的伴侣。从青丝到白首，共同经历人生的起伏，相互扶持，这样的亲密关系几乎是每个人心中的理想与追求。然而，伴侣好找，优质伴侣却不那么容易找到。寻找生命中的优质伴侣是一场心灵的修行，它关乎自我觉醒与对世界的深刻理解。

那么，什么样的伴侣才是优质的？如何在偌大的世界中识别他，拥抱一段稳定而幸福的关系呢？这个问题看似复杂，但可以从女性独特的角度出发，去辨别伴侣身上那些真正值得托付终身的品质。

第一，优质伴侣的选择始于对谈吐、修养、格局和境界的观察。很多人可能认为这些特质虚无缥缈，然而它们却是一个人数十年内涵修养的外在呈现。一个人的谈吐不仅是简单的言辞，而且是其人生经历、文化素养的沉淀，反映他的家庭教育与成长环境。《庄子》有言："言为心声。"语言是心灵的窗口，它透露出一个人的修为和胸怀。一个谈吐得体、言辞温和而有深度的男人，通常具有宏达的世界观与高尚的情操。而修养则体现在日常生活细节中。一个有修养的男性，懂得尊重他人、体贴入微，甚至在他与陌生人的相处中，你也能看出他是否真正具备温暖和谦逊的品质。

这样的男性能够为伴侣带来许多深刻而美好的体验。他的温暖会让伴侣感到被珍惜和关怀，无论是在困境中还是在平凡的日常生活里，他都能给予对方安慰和安全感。他的谦逊则会使他懂得倾听与理解，不以自我为中心，尊重伴侣的感受和想法，会创造出平等、包容的相处环境。

第二，伴侣的性格好坏与情绪稳定性也是衡量其是否优质的重要因素。婚姻是一场长久的陪伴与磨合，生活中的琐事、突发的变故以及难以避免的挑战，都将考验伴侣的内在力量。它不仅依赖感情的热烈，更依赖人性中的理智与坚韧。一个性格稳定、能够掌控自己情绪的人，才能在风雨中与伴侣并肩作战，而不会因为一时的情绪波动而伤害对方。情绪的稳定意味着对生活的掌控力和对他人的责任感，而这些特质在一个优质伴侣身上往往是不可或缺的。

第三，一个人的生命状态，尤其是他的孝心、感恩心和上进心，也是女性在寻找优质伴侣时不可忽视的方面。这些特质可以反映一个人的品德与责任感，能让他在婚姻中更加懂得感恩与付出。一个孝顺的男人，往往对待婚姻也充满尊重与关爱。感恩之心使人谦逊，而上进心则是两人共同进步、实现更美好生活的原动力。一个生命状态良好的男人，能够为婚姻带来一种积极向上的能量。在婚姻中，他不仅是你的人生伴侣，更是能够与你共筑美好未来的人。相反，一个缺乏上进心、没有责任感的男人，很可能会在婚姻的挑战中退缩，无法为彼此创造幸福的生活。

此外，独立性是优质伴侣的核心特质。独立，不仅要求经济独立，更重要的是思想和人格的独立。一个优质的伴侣，必然是一个独立完整的个体。这样的男人，不会让你在婚姻中感到负担，不会因为精神依赖或经济依附而让你陷入无尽的内耗。一个独立的男人，懂得为自己的人生负责，也会尊重你的人生选择。正如英国作家简·奥斯汀笔下的女性角色，她们追求的婚姻并不仅仅是寻求物质保障，更是选择与其精神契合、彼此独立而互相支持的伴侣，共同走向未来。这样的伴侣，能够在婚姻中与你保持良好的沟通与理解，让你在生活的每一个细节中感到轻松与舒适。

当然，能够找到生命中的优质伴侣，更需要自我修炼。作为女性，我们要学会提升自己，找到内心的力量与价值，才能吸引优质的伴侣。"你若盛开，蝴蝶自来"，我们应先具备独立的思想、坚定的信念以及良好的品格。

在现实生活中，一些女性因为匆匆做出选择而陷入不幸福的婚姻。有人在婚姻初期可能只注重对方的物质条件而忽略了内在品质，有人则因为情感冲动而忽视了契合度。婚姻中的失望，往往源自早期的盲目选择，或者忽视了真正的优质伴侣应具备的特质。比如，有些女性在恋爱时没有看到对方情绪不稳定的迹象，结果在婚后忍受着不断的情绪勒索与精神负担，或者，有些女性没有意识到对方缺乏责任感，婚后发现对方无法承担起家庭的责任，导致婚姻生活布满荆棘。

因此，在选择伴侣时，我们不能只停留在对表面的感知，更要深入了解对方的内在品质。正如法国作家安托万·德·圣－埃克苏佩里所言："真正重要的东西，用眼睛是看不到的。"每一个优质伴侣的背后，都有着长时间的品德积累与自我修炼。我们要学会用心去感知，用智慧去选择。

寻找生命中的优质伴侣，不仅是一场爱情的冒险，更是一场自我成长的旅程。作为女性，我们应当从谈吐、修养、性格、生命状态、独立性等多方面去观察和选择伴侣。这样的选择过程，不仅让我们能够找到那个真正值得托付一生的人，也让我们在这个过程中不断提升自己，成为更好的女性。正所谓"己所不欲，勿施于人"，当我们具备了这些品质时，我们才能与同样优秀的伴侣共同谱写人生的美丽篇章。

03

男女红尘修行的区别

在探讨男女修行时，弘一法师的慧语总能触动人心。他说：
"女人的修行是往下沉的，她会变得更宁静祥和，所以叫厚德载物。
而男人的修行是往上升的，他会变得积极正气，所以叫作自强不
息。"这句古老的名言，为我们在当今社会理解男女修行提供了
一个全新的视角。

首先，我们来看什么是修行。修行，并不仅局限于宗教或冥想，
它是一种全方位的自我修炼和成长。对于女人而言，修行像是一
种内在的沉淀。随着时间的推移，她们通过不断地自我反思和内观，
变得更加宁静、祥和，甚至更具包容性和同理心。这种修行不仅
让她们变得更柔和、厚重，还能在生活的洪流中承担更多的责任

和义务，就像大地承载万物一般。

另一方面，男人的修行则更多地表现为一种向上的力量。他们通过不断挑战自我、追求卓越，以达到内在的坚韧和外在的正气。男人的修行强调的是一种不断进取、自强不息的精神，这种精神不仅体现在事业和生活中，也体现在他们面对逆境时的毅力和勇气上。

男女修行，最终指向的是一个人内在的成长和自我价值的实现。对于女人而言，修行意味着在面对生活的种种挑战时，保持内心的平静和包容。这样的女人，无论在何种境遇中，都能展现出一种从容不迫的力量。而对于男人来说，修行则意味着追求更高的目标。这样的男人，无论在事业上还是生活中，都能带领自己和他人走向成功和幸福。

然而，修行不仅是为了成为更好的人，它还关系到我们如何与他人建立深厚而持久的关系。当一个女人通过修行变得更加宁静、祥和时，她的伴侣会感受到她内在的力量和安宁，从而更加珍惜她。而当一个男人通过修行变得更加自强不息时，他的伴侣会感受到他强大的精神力量，从而更加信任他。

在现实生活中，修行并非脱离尘世的孤立行为，而是要在红尘中修炼心性。这种修行强调的是在日常生活的点滴中，如何通过应对各种挑战和考验，来磨炼自己的内心。

比如，一对夫妻在婚姻中可能会经历各种矛盾和冲突，这些都是红尘炼心的一部分。一个宁静祥和的女人，在面对这些挑战时，会选择用包容和理解去化解矛盾；而一个自强不息的男人，则会以积极和正确的态度去面对这些困境。通过这样的修行，他们不仅能够维持婚姻的稳定，还能够在婚姻中找到更深层次的爱和理解。

修行的目的，不是让我们成为完美的人，而是让我们成为完整的人。在这个过程中，我们学会接纳自己的优点和缺点，学会在生活的考验中保持平衡与宁静。正如一个真正修行的女人会变得更加宁静祥和，一个真正修行的男人也会变得更加自强不息。

因此，无论是男人还是女人，修行的最终目的就是成就一个完整的自我。

修行在俗世，红尘炼心才是实修，这不仅是对我们的心性考验，更是对我们爱的升华。通过修行，我们终将发现，理想的伴侣，并不在远方，而是在我们自己内心深处。

04

人要学会懂得适时退场

人生如同一场盛大的舞台剧，每个人都在自己的舞台上扮演主角，和他人相遇、互动，彼此陪伴。然而，正如所有剧目都有谢幕的时候，人生中的许多关系也都有其结束的时刻。女性作为情感丰富的群体，往往在关系中倾注了更多的情感，渴望长久的陪伴与深刻的连接。然而，现实往往并不总能如人所愿。有些关系，在时间的洪流中逐渐褪色；有些人，终究会选择离开我们的生活。当这一切发生时，如何优雅、得体地退场，成为每个女性成长过程中必须学会的一课。

无论是朋友、伴侣，甚至是家人，总是阶段性的。起初，我们可能彼此靠近，共同分享生活中的点滴与心事。然而，随着时间的推移，彼此的需求和生活方向可能发生改变，距离也会越来越远。这个过程并不是任何一方的错，而是生活的必然。这时候，我们常常感到不舍，害怕失去曾经的亲密关系。然而，学会适时放手，反而能够让你的人生更加从容。

很多时候，女性倾向把关系看得比自己更重要，尤其是当她们付出大量的时间和精力之后，更加难以接受关系的变化。但事实上，任何关系都有其自然的周期。你所要做的，并不是强行抓住那些注定要流逝的东西，而是学会让它们自然离开，给彼此都留出自由呼吸的空间。

在人际关系中，最大的智慧莫过于"适时退场"。有时候，我们倾尽所有去爱一个人，去维系一段关系，而对方却可能早已不再需要你，或者不再以同样的方式回应你。这时候，继续投入更多的精力和情感，不仅不会挽回关系，反而会让自己陷入更多的痛苦。

退场并不意味着失败，而是意味着你看到了关系的真相，并选择保留自己的尊严。就像古人所说："水满则溢，月盈则亏。"一段关系若已达到顶峰，任何试图挽留的努力只会让它走向反面。此刻，最好的方式是退回到自己的生活中，把原本投注在关系中的热情与精力转而用来充实自己。

一个懂得退场的女人，才是内心真正强大且成熟的女人。她明白，自己的价值不需要通过他人的认可来证明。她知道，人生的每个阶段都有不同的风景，退场不是终点，而是为了迎接新的开始。

强求从来不是美德。一扇不愿为你打开的门，即便你知书达理地敲门，也是不礼貌的。在这个世界上，没有什么比一个人不愿意接纳你更明确的信号。不管是在爱情、友谊，还是职场中，当你察觉到一段关系已经失去了平衡，不再有对等的回应时，学会果断地放下，礼貌地退场，便是一种难得的成熟与智慧。与其耗尽自己的心力去等待，不如把时间和精力留给那些真正欣赏你、愿意为你打开心门的人。

我们常说，每个人都是自己人生的主角，而许多女性在关系中却往往把自己放在配角的位置，总是在为他人着想，甚至牺牲自己的需求去迎合他人。这样的模式，虽然短期内能维系关系，但长此以往，会让你失去自我。当一个女人过分依赖他人的认可而存在时，她便无法真正主导自己的人生。

学会不为难自己，是每个女性在成长中必须汲取的智慧。我们不必为他人的离去而感到失落，也不要因为关系的终结而陷入痛苦，为他人的离去而感到难过。因为，每个人都有自己的人生旅程。重要的是，你是否仍然在自己的舞台上尽情绽放，是否忠于自己的内心，是否为自己的未来而努力。退场并非终结，而是为了迎接新的舞台、新的角色。相信每一个懂得退场的女性，都能在下一段旅程中，走得更加坚定、从容。

05

没有一个生命会对你负责

在我们的人生旅程中，每一段关系都是暂时同行，不管是亲情、友情，还是爱情。走到最后，它们都不过是阶段性的陪伴。无论你如何不舍、如何执着，岁月的洪流会默默将一切化为过往，无论你是否意识到，它总是轻描淡写地抹去你心中的不甘与放不下。

人往往容易对关系抱有长久的期待和幻想，认为那些曾经的感情和共鸣会永恒不变。然而，现实却常常给予我们不同的答案。我们心中认为的不可替代、无法割舍，随着时间的推移，也会逐渐变得轻如羽毛，甚至在某一刻发现自己曾经在意的种种已经荡然无存。正如你生命中的重要角色，最终也只是你人生舞台上的配角，来来去去，谁都不是永远的。我们唯一可以做的，是把自己的人生过得精彩，演好自己生命中的主角，不为难自己，不强求他人。

有时候，我们太执着于维持一些关系，甚至不惜耗费自己的时间与精力去讨好或挽留一个人，生怕失去对方。然而，人生的智慧告诉我们：人心是无法强求的。当别人不再需要你时，无论你曾经如何用心付出，也不再重要。此时的你，唯一能做的，就是从容退场，收回你的热情与付出，留给自己更多的空间和自由。即便你依旧心有不舍，即便你觉得曾经的努力不该如此轻易被抛弃，但你必须明白，一扇不愿意真正为你打开的门，无论你再如何恳切地敲门，都是没有意义的。继续努力，只是徒劳无功，甚至显得不合时宜，而且还可能失了体面。

关系的维系，终究离不开权衡利弊。无论是亲密的伴侣，还是友谊中的知己，人们常常在潜意识中计算得失，考量你对他们的价值。除非你在他们的生活中有意义，否则再多的情感和付出，也难以换回同等的回应。人与人之间的关系，不是纯粹的情感连接，而是一场相互依存的平衡游戏。你以为的深情厚谊，可能不过是对方短暂的驻足；你以为的不可或缺，可能不过是对方生命中的一瞬陪伴。因此，不要高估你和任何人的关系。那些你认为深厚而永恒的感情，可能在对方心中只是轻如云烟。真正的关系，是彼此心灵的共鸣，而不是单方面的投入和幻想。

　　人有许多面，你看到的不过是冰山一角。每个人在不同的情境、不同的角色下，展现出的可能完全不同。我们不能指望对方始终如一地对待自己，因为，他们在面对不同的人和事时，往往会展现出不同的自我。因此，你看到的对方是哪一面，取决于你是否值得拥有这一面。如果你仅是对方生命中的过客，那你可能只能看到他或她冷漠的一面；如果你能成为对方的知己和伴侣，你便能看到他或她柔软、真诚的那一面。但无论如何，我们都不应过高期待他人对自己的回应，也不要执着于希望对方展现出自己想要看到的一面。

　　许多人在人际关系中常常感到困惑，甚至受到伤害。其实，根源在于他们对关系抱有过多的期望，忘记了关系并不是永恒不变的承诺，它会随着时间、环境和彼此的状态发生变化。我们总想抓住某段关系，留住某个人，害怕失去或被遗忘。然而，人生的每一段关系，终究会有结束的一天，而这一切，岁月都会帮你轻描淡写、悄然化解。

　　我们唯一能够掌控的是自己的人生。不要因为他人的离去而迷失了自我，也不要为了维系某段关系而让自己陷入困境。学会退场，是一种智慧。当你意识到自己在某段关系中不再被需要，或者你对他人的付出不再得到回应，那么，是时候从容地离开了。这不是逃避责任，而是对自己生命的尊重。继续在一扇不会为你敞开的门前驻足，只会消耗你的能量和时间。

　　同时，你还要学会欣然接受这种转变。我们所经历的每一段关系，都是成长的一部分，它们为我们带来新的体验和感悟，但它们并不需要永远伴随我们前行。有些人只是在你生命中的某个阶段起到了作用，帮助你渡过某些难关，或者让你在某一刻感到温暖。你要感谢这些陪伴，但不必强求他们永远留在你的世界里。正如有些人离开了，他们带走了属于自己的那一部分回忆，但你仍然可以继续向前，找到新的风景和更合适的同行者。

　　最后，我们要记住的是，不要高估任何一段关系的长久性。生命中最可靠的，始终是我们自己。没有一个生命会对你负责，你可以与他人分享旅程，但最终的目标和方向，仍然需要由你自己决定。你不必为了别人而改变自己的轨迹，也不必为了维系某段关系而让自己承受过多的压力。与其执着于外界的回应，不如把更多的精力放在自我成长上，增强自己的内在力量。只有当你足够强大，足够独立时，你才能在各种关系中游刃有余，真正享受彼此间的互动，而不会陷入对他人的过度依赖。

　　人类的关系，本质上都是阶段性的陪伴。它们来来去去，给我们带来欢笑与泪水，但终究不过是人生的一个片段。我们要学会放下那些放不下的，让岁月轻轻地带走它们，同时，也要学会珍惜当下，演好自己的人生主角，不为难自己，也不强求他人。

世界如此辽阔，机会与选择无穷无尽。每一扇关闭的门背后，可能都有新的可能在等待你。学会退场，也是为了给自己迎接新机遇的空间与自由。

06

友谊中的边界感

　　不知大家是否发现，人到中年，身边的朋友越来越少，那些青春时期陪伴在左右哭笑玩闹的朋友，早已各奔东西，更有甚者，连个聊天的人都没有。长达 10 年没有社交的我，不在讲课就在讲课的路上，平时联系多是用微信，我仔细看了下自己通讯录，真没留下几个电话号码，所以，中年时期的友谊才显得弥足珍贵，中年时期友谊的维系才更加关键。

　　在中年女性的友谊中，最难把握的莫过于边界感。边界感是友谊的底线和润滑剂，既能维持彼此的亲密关系，又不会让任何一方感到负担。中年女性大多已经经历了人生的诸多挑战——家庭、事业、婚姻、子女——这些经历让我们更加深刻地体会到人际关系中的复杂性和独立性。此时，友谊不再是单纯的依赖和陪伴，而是一种更高层次的理解与支持。而要做到这一点，边界感的拿捏至关重要。而其中最常见的挑战，无疑就是如何克制我们的分享欲。

分享是友谊的基础，它让对方感到被理解和接纳。然而，随着年龄的增长，生活经历的累积使我们总有许多想倾诉、想分享的内容，尤其是当经历某些困惑、苦闷或喜悦时，急于寻找共鸣的情绪会让我们忍不住对朋友倾诉更多的细节。然而，中年时期的友谊需要加审慎。过多的分享，特别是过度的负面情绪或生活细节的分享，可能会让对方感到无所适从或成为其负担。

例如，你在工作中取得了一些成绩，满怀欣喜地和好友分享这个喜讯。你希望得到她的祝贺与共鸣，然而她的反应却显得有些冷淡，甚至让你产生了"她在嫉妒我"的感觉。事实上，她可能并非不为你高兴，而是此刻她正在面临自己的困境，无法与你同频。你毫无保留地分享了自己的成功，却未曾察觉对方的情绪状态。这种不合时宜的分享，往往容易引发误解，导致彼此之间的隔阂。分享欲的旺盛，让你觉得自己在展示真诚，实则不经意间给对方带来了压力。正如《人间失格》中写道："无论对谁太过热情，都会增加不被珍惜的概率。"热情的分享初衷可能是加深感情，但如果没有边界，会适得其反。

因此，我们要学会克制分享欲，学会平衡分享的量和质。倾诉可以让彼此更了解，但分享的内容不应仅是一方的负面情绪或不断的求助。中年的友谊更多的是一种平等的支持和交换，如果一方长期处于情感的"索取者"状态，久而久之，关系的平衡就会被打破，友谊也会从甜美转向疲惫，甚至出现裂痕。

此外，克制分享欲也是为了尊重对方的生活节奏。众所周知，中年时期的生活节奏往往忙碌且多变，朋友间的联系有时不得不依赖断断续续的交流。如果过多地期待对方随时响应自己的分享或倾诉，可能会让对方感到疲于应付，甚至想要逃离。因此，保持一定的独立性，学会处理自己的情绪和问题，不仅是对自我的成长，也是对友谊的尊重。

当然，克制分享欲并不是要你对朋友不冷不热，而是教你在情感中保持理智和清醒。朋友之间的最佳距离，是彼此既有足够的亲密感，又保留适度的空间。我们必须明白，友谊是一种双向互动的关系，分享需要基于对方的需求和状态，而不是单方面的倾诉。减少不必要的分享欲，正是让友谊更加持久的秘诀。

在与朋友进行分享时，我们可以学会"说一半"，即不必将所有的情绪和故事全盘托出，这不仅是一种技巧，更是一种智慧。比如，在与朋友聊到自己的家庭生活时，你可以选择分享那些愉快和轻松的片段，而不是将全部的烦恼倾诉给对方。这样既能保持友谊的温度，又不至于让对方感到压力。

　　我们可以看到，当今社会，过度分享已经成为一种普遍现象。无论是社交媒体上的晒图晒日常，还是交往中的滔滔不绝，人们似乎都在急于向外界展示自己的一切，急于获得别人的认可。然而，生活不会因为高调而绚烂，却会因为内敛而丰满。当我们减少无谓的分享，更多地去关注自己的内心世界时，我们会发现，情感的厚度并不取决于分享的频率，而是取决于内在的稳定与成熟。

　　所以，我建议每一位中年女性在友谊中保持理智，克制自己的分享欲，学会"人前守嘴，人后守心"。与人交往时，多听多看，少说少表达，不急于倾诉，用心浇灌你的友谊常青树。也祝愿在余生中，我们都能够与朋友保持最好的边界感，温暖而不热烈，亲近却不逾矩，让友谊如细水长流般缓缓滋养我们的生命。

07

你不需要太懂事

在多年的心灵疗愈探索中，我逐渐意识到：女性从小不要被过度赋予"懂事"的标签。一个女孩如果从小就被称赞"乖巧""懂事"，长大后她往往会承担过多的责任。命运会把这些责任和压力交给她，她会承担本不应该承担的命运包袱。

我曾经历过一段时光，全力的付出却只让自己身心疲惫。最终我决定将不背负任何人的命运。我大胆地告诉家人，我把你们的命运还给你们。我的能力范围已经到此为止，我累了，你们每个人必须自己面对和解决自己的问题。当我发现放轻松那一刻，身边人也开始找回自己的力量，变得越来越有担当，最后，开启了自己的一番新天地。我的肩上不再有沉重的负担。我也只是一个天真的需要他人保护的小女孩。我不想再做任何人的保护伞，只想轻松地做自己。包括学员，你是因为我而来，不是为我而来，老师只是管道而已，只是生命成长中一瓢引水而已，命运真正的救赎者是你自己，你的人生种种与我无关。

作为一个女人，只有当你真正遇到自己时，生命才会真正成长。如果我们只是在肉体上成长，而心智没有成长，那我们依然无法找到真正的自我。

我的人生经历让我明白，苦难是命运的考验。我的性格使我总是喜欢承担和引领，这就决定了我的命运带着负累。曾经我总是把别人放在第一位，即使自己饿了也会让别人先吃饱饭。现在我明白，真正的善良必须与智慧结合，没有智慧的善良就像断了翅膀的鸟，飞得艰难且飞不远。

我依然怀有梦想，但现在的梦想不再带有任何负担和负累，我绝不再委曲求全，而是忠于自己内心的模样，做真实的自己。

08

不要轻信他人的承诺

随着经历的事情和见过的世面越来越多，我们渐渐明白一个道理：不要轻信他人的承诺。这并不是因为对他人失去了信任，或是自己内心变得冷漠，而是因为承诺本质上是不可控的。它源自他人，也由他人控制。即便在当下，承诺的给出看似满怀信心但没有人能准确地预见未来。那些曾经郑重承诺的言辞，转瞬间可能就会因种种变故而变得无法实现。而我们，作为承诺的接受者，心中难免生出一丝埋怨与失望。

因此，为了内心的平稳与安宁，我们可以允许承诺的存在，却不要轻信它，尤其不要将自己的期待完全寄托于承诺之上。在人生的旅程中，女性特别容易因为感性而相信美好的言辞，不只是在爱情中，合作伙伴也是如此。轻信他人的承诺不仅让自己处于被动，也使内心时常陷入不必要的失望与焦虑。

在感情的世界里，承诺最容易被激情与冲动驱使。尤其爱情中的承诺总是美好的，它们似乎是那时那刻彼此心意相通的见证。然而，爱情并非总是甜美无比的，当热恋褪去、现实生活的压力逐渐浮现时，承诺有时会变得虚无缥缈。曾经说过的"我会永远爱你""我会陪你走到最后"，在现实的重压下，往往会显得苍白无力。我们无法预料生活会如何变化，也无法左右他人的选择。正如席慕蓉所说："在爱情里，谁都想做忠诚者，却往往成为背叛者。"并非每一个承诺都源于欺骗，有时只是现实比感情更为坚硬。

人与人之间，能够相互扶持、彼此依赖，自然是好的；但当他人无法兑现承诺时，也不要过于放在心上。毕竟，每个人都有自己的生活和困扰，过于较真反而会让自己深陷其中，徒增烦恼。清醒的女性会了解，承诺是最容易破碎的东西。

我的一个个案学生 B 曾经在一段感情中，对男友的承诺深信不疑。男友许诺陪她一起走过人生的每一个阶段，许诺要给她一个温暖的家。然而，随着时间的推移，工作、压力、家庭矛盾逐渐侵蚀着他们的关系。男友一次次失信于她，甚至在最后关头选择了离开。女生 B 在这段感情中感到很受伤，她意识到自己过于相信这些承诺而忽视了现实的复杂性和人心的变化。

这时，她读到了一句话："承诺如风，易碎如镜。"这句话让她顿悟，感情中的承诺并不能给予她真正的安全感和依靠，唯一能依靠的只有自己。她开始重新审视这段关系，学会把更多的精力放在提升自己上，而不是盲目地期待他人给予承诺。随着自信心的增长，她逐渐在自我成长中找到了安定与力量。

面对破碎的承诺，很多女性的第一反应是质问与追究。然而，人与人之间的关系是复杂而微妙的，每个人都有自己的考量与抉择。当他人无法履行承诺时，真正的智慧是懂得适时远离，不去纠缠，这是一种自我保护的方式。并不是每一段关系都值得去纠结，生活中，有时保持距离才能维持内心的平静。

真正清醒的女性，不会将自己的幸福寄托于他人的承诺。她们深知，与其将希望寄托于别人，不如将所有的精力放在完善自我之上。通过不断提升自己的能力，培养独立的思考和解决问题的能力，女性可以在这个复杂多变的世界中，走得更加坚定与从容。当你的能力和内在足够强大时，无论他人如何，你都能稳如泰山，不因外界的变故而动摇。正如卡耐基所言："内心丰盈者，独行也如众。"

所以，请一定要记住，不要轻信承诺。承诺本身并没有错，但它不应该成为我们生活的依靠。无论是在情感中，还是在生活里，我们都要学会以平和的心态去接受他人的话语，但不要过分依赖。生活的路终究要靠自己去走，幸福与安宁也要靠自己的力量去追寻。学会自立自强，不轻易相信他人的承诺，才能真正绽放自己的人生魅力。

觉知生命，回归生活

01

生活才是无上甚深微妙法

平凡的岁月需要的是一个磨平棱角的灵魂。虽然我和先生早在 2017 年就领证结婚，但在婚后的前 3 年，我们并没有真正融入彼此的生活。那时我们各自忙碌自己的事业，先生也无条件地支持我去实现全国巡讲的梦想，我们彼此有足够的信任和自由。

真正的婚姻生活始于 2020 年新冠肺炎疫情期间，那时我回到了南昌，开始备孕，后来我怀孕时我的婆婆来和我们一起生活。尽管先生提前劝我不要和婆婆同住，但我太过于自信，觉得自己作为女性教育行业的导师，肯定能够处理好这段关系。然而令我始料未及的是，婆媳关系竟成为我进入婚姻生活后最大的挑战。这段婚姻的历程让我意识到，幸福关系远比想象中复杂。婚姻不仅是两个人的结合，更是两个家庭系统的交融。面对生活中的种种考验、每个生命个体的复杂性，我才真正明白，幸福需要用绝对的耐心与爱去经营。

怀孕哺乳期间，我产后情绪不稳，我的世界仿佛进入了窄门。我发现自己曾经所讲授的那些理论和课程，在真正生活中实践时竟难以施展。生活的琐碎让我无法适应，产后的无价值感让自我怀疑到了极点，我开始否定自己，推翻过去所有。内在的无力感和无意义感就像一个无底的黑洞，不断消耗着我的能量，直到我精疲力尽。当我们面对最亲近的人时，任何理论教学都可能变得无力，毕竟亲人眼中无伟人，我的内心防线几乎被摧毁，所有的自信都被消磨殆尽。

那段时间，我和婆婆生活在同一屋檐下，生活方式和三观不同，婆婆有帮小姑子带娃的经验，每天把我当个小媳妇一样说教，指导我应该怎么带娃。对于曾经的独立思想职业女性，琐碎的每一天对我来说都是一种煎熬。这种消耗和拉扯从我怀孕持续到哺乳期，令我疲惫不堪。虽然我婆婆也是为家庭全力付出的好女人，但还是避免不了太多的生活摩擦。

后来我才发现婆婆是我探索生命教育的重要一环。在那段黑暗的日子里，我开始深度思考生命和教育。在不断深耕探索的过程中，我看见了每个灵魂背后的应激模式、情绪模式、行为模式根本不受我们掌控，包括我婆婆所有的模式根本不受她自己控制，她背后都是那些她童年过去生命能量的缺失和创伤，在生命面前没有大师，只有走过来的人，我们每个人都是生命的学生。这些问题将我引向了自我觉醒的道路。我终于意识到，真正的幸福并不是来自爱情、婚姻或家庭，而是找到珍贵的心。只有印心才能活出来，否则苦难轮回继续。

孕期9个月的压抑，哺乳期10个月，让我的情绪达到崩溃的边缘。产后抑郁使我感到无比孤独，仿佛自己被全世界遗弃了一样，灵魂越发空洞。我不想吃东西，对周围的一切都失去了兴趣。我每天都在思考活着的意义，而面对家人的时候，只剩下无力的沉默。

总之，感谢岁月，让我找到了矛盾的根源，如果我们不懂生命，孩子会成为牺牲品，在经历了痛彻心扉之后我真的穿越了所有痛苦，找到了真正的答案，心才能生万法，心才能生万物，只有找到那颗真心并和自己印心才能活明白。

我重新研发升级课件，我开始发愿，希望能为女性做点事情。如果一个女人把所有的希望和力量都寄托于外界，她将永远无法真正醒来，无法找到真正的自我。真正的修行不是远离生活的纷扰，而是在柴米油盐中找到心灵的安宁。生活才是真正的修行道场，生活才是无上甚深微妙法。

02

问世间情为何物

人们常说，爱情是美好的，但究竟什么样的爱才称得上深刻和真实？在我看来，男女之间，最深刻的爱，大概就是"心疼"二字。

在爱情中，很多人追求浪漫与唯美，认为那些惊天动地的表白与感人至深的情节才是爱情的真正体现。然而，真正的爱情往往是平凡中的心疼，是细水长流的关怀。浪漫固然动人，但只有心疼才能真正让两个人长久地依赖与信任。

心疼，意味着对一个人发自内心的关怀、理解与体恤。它不只是表面的浪漫或短暂的激情，而是深入骨髓的情感，是看见对方背后所有的苦难与坚强，愿意无怨无悔地陪伴与付出。正因为有了心疼，爱情才变得具体、真实，才超越了初见时的爱慕与喜欢，升华为一种愿意承载对方生命重量的责任。

爱情最初的萌芽，往往伴随着吸引与激情，这种感觉令人心醉神迷。但真正长久的爱情，不是停留于外在的美好或一时的欣赏，而是发自内心对对方的体恤与理解，这种体恤的最高表现，便是心疼。

心疼是一种与生俱来的、最纯粹的情感表达。当你心疼一个人时，说明这个人已在你的心中占据了重要的位置。你关心他的每一个细节，关注他的喜怒哀乐，甚至为他的一点不适或委屈感到心痛。这样的情感是无法伪装的，是一种发自内心的本能反应。温柔或浪漫可以被精心制造，但真正的心疼是不加修饰的情感流露，是最深刻、最原始的爱。

"喜欢是摘花，而爱是浇花。"爱情之初，许多人被对方的外在或一时的魅力所吸引，这便是"摘花"式的喜欢。但当你愿意为对方付出，心甘情愿地守护他的快乐与悲伤，无论风雨仍愿意站在他身边时，这种爱就升华为"浇花"般的心疼。正因为心疼，爱变得更为深沉，超越了表面的浪漫，转而成为一种对彼此生命的责任感。

世间可能会有很多人爱慕你，但未必会心疼你。爱慕常常是对外在的欣赏，它无法深入到对方的内心。而心疼，是穿透表象、直达内心深处的情感。那些真正心疼你的人，不仅欣赏你光鲜的一面，更能理解你背后的疲惫、无奈与脆弱。心疼意味着一种感同身受的理解，他们不仅看到了你的笑容，还感受到了你笑容背后的辛酸。

对于一位职场上的女强人来说，外人可能只看到她光辉的业绩，却不知她为了成功所付出的代价。她有时也会在深夜独自饮泣，但唯有那个真正心疼她的人，才能读懂她背后的艰辛。他心疼的不是她取得的成功，而是她为此承受的压力与孤独。这种理解和关怀，才是爱情中最珍贵的部分。

我们常说，真正爱你的人，不会只关注你的成功与风光，而是会心疼你面对生活时的挣扎与坚强。他们愿意为你分担痛苦，甚至比你本人还要在意你的感受。所谓"你若安好，便是晴天"，正是这种心疼的最好诠释。一个心疼你的人，会因你的安稳而安心，因你的困顿而揪心，这种情感远比单纯的爱慕来得深刻。

单纯的爱慕，只能称为喜欢。喜欢一个人是本能，而心疼一个人则源于责任。喜欢可以是短暂的冲动，而心疼却是长久的守护。心疼意味着你愿意为对方的幸福负责，愿意在他需要时为他分担生活的重担。这种责任感使爱情变得更加牢固，也更加持久。

正如我们在婚姻中看到的，婚姻不仅是爱情的延续，更是一种责任的承载。当两个人携手走进婚姻的殿堂，他们需要面对的不再是简单的浪漫与激情，而是日复一日的柴米油盐。当对方疲惫时，你会心疼他的辛劳；当对方无助时，你会心疼他的无力。正是这种心疼，使婚姻中的爱情得以延续，成为两个人共同面对生活风雨的力量。

在许多长久幸福的婚姻中，我们常常会发现，伴侣之间的爱情已经转化为深厚的心疼与体谅。正因为有了这种责任感，他们愿意包容对方的缺点，愿意在对方低谷时伸出援手。心疼不是怜悯，而是一种基于理解的深刻情感，是一种源自责任的爱。

那些年老的夫妇之间，或许早已不再像年轻时那样激情四溢，但他们之间的默契与心疼却显得弥足珍贵。当一方病倒时，另一方会毫无怨言地照顾他，不计较时间与精力的付出。这种心疼，不需要言语去表达，而是在生活的每个细节中体现出来。正因为有了心疼，他们的爱情才能经受岁月的考验，愈加深沉。

因此，问世间情为何物？大概就是他会真正心疼你，或你能真正心疼他。当你心疼一个人时，你的爱已不再是单纯的欣赏与浪漫，而是一种发自内心的责任与爱护。正因为心疼，爱情才能持久，才能在生活的风雨中不离不弃。世间有很多人会爱你，但唯有那些心疼你的人，才是真正值得依赖的伴侣。因为心疼，是爱的最高境界。

03

婚姻的本质是一场合作

爱情是浪漫主义，婚姻是现实主义；爱情是风花雪月，婚姻是柴米油盐。年轻时，我们都憧憬嫁给爱情，然而随着社会的历练和人心的变迁，才渐渐明白，面包和爱情一样重要。曾经以为，那个带给我们无尽浪漫与幻想的人，或许能够为我们带来一生的幸福。但现实却是，只有一个有责任感、懂得担当的伴侣，才能使我们的生活变得踏实。一路拼搏中，我们发现，爱情虽美，却常常只是锦上添花的奢侈品，而婚姻才是对现实生活的考验与承载。

婚姻是什么？两性结合，本质上就是一种契约，承诺彼此忠诚，无论贫富或疾病，始终不离不弃。所谓契约，本质上就是一场各取所需的合作。所以，最好的婚姻并不是以"爱"的名义彼此要求、互相折磨，而是以合作的心态相互陪伴、共同进退、合作共赢。正如莫言所说："婚姻本来就是一场合作，没必要把它弄成爱情的样子。要记住，爱会消失。底层男人为了续香火，中层男人为了找帮手，上层男人为了找强队友，渣男则是要你扶贫。"这段话无比清醒而现实。

所谓婚姻，其实就是两个家庭各自派出代表组成一个新的家庭，就像成立了一家公司。孩子是你们的"产品"，但孩子并不是婚姻的"利润"。很多夫妻认为，生养了孩子就意味着幸福和安全感，但当夫妻打算分开时，孩子却有可能成为负担。所以，真正的"利润"是你们夫妻之间的幸福感和成就感，而不是孩子。

与创业合伙人一样，婚姻中也会出现矛盾和问题，但因为初衷是好的，合作才能持续。婚姻并非追求物质或精神层面的"合二为一"，而是如同创业合作那样明确分工与利益分配。就像经营公司一样，夫妻是股东，彼此在相互欣赏和信任的基础上给予肯定，同时懂得妥协。两个原本陌生的人，通过时间、精力和感情的投入，达成三观上的共识，婚姻才能长久。而这种长久的维系，本质上是为了双方利益最大化的合作。

结婚久了，所谓的"老夫老妻"并不是忽视彼此需求的借口。相反，时间越长，越应该感受到对方需要的关注和支持。幸福的婚姻，就是找到终生的合伙人。既然是合作，就需要不断积累自己的资产，吸引对方持续愿意为你投资。这个资产库需要储备提升婚姻幸福感的资源和价值。资产越多，彼此间的"吸引力收益"就越大，婚姻项目也会进展得越顺利。

在婚姻中，双方都要提供相应的信任价值、情绪价值和未来潜力。合伙人之间的"价值"高于"感情"，这比恋爱更为重要。谈恋爱时，可以只凭感觉互相让对方开心，但一旦结婚，决定婚姻能否长远的，是两个人能否持续为对方提供"价值"。因此，恋爱时吸引对方的颜值、魅力、风趣等，在婚姻中可能都会失灵，婚姻中只有价值交换才是关键。

正确理解婚姻，能够帮助你更清晰地认识对方的需求和对婚姻的预期。如果你在结婚之前就能理解这个道理，并认同这种逻辑，未来的婚姻之路就会更加顺畅。很多当代女性的幸福指数普遍较低，无论已婚、未婚，是否为人母，或者事业是否成功，都面临着幸福感的挑战。物质基础决定上层建筑，女性如果没有经济基础，大概率难以获得真正的幸福。

女性不幸福的原因大致有两个：一是不智慧；二是经济不独立。

不智慧意味着不了解自己，不知道自己想要什么，也无法看到自己的价值。当你没有价值感时，就不会有被尊重的感觉，尊严感也会因此丧失。智慧是通过整合人生经验得到的思考与解决问题的能力，是看问题的眼光和解决问题的方法。智慧的重要性不可低估。

经济不独立的女性，幸福感往往较低。很多女性不敢离婚，往往不是因为还爱着对方，而是因为离婚后缺乏生存的本领，无法独自抚养孩子。经济不独立、智慧不足，是女性幸福感低下的两大根源。当你在婚姻中感到缺乏安全感或迷失方向时，可以思考是智慧的缺乏影响更大，还是经济上的不独立问题更严重。通过这些反思，你可以更清晰地确定成长的路径和方向，是启发心智，还是提升生存技能，从而更好地规划人生。

有人说："女人最终都是嫁给自己，幸福与否全取决于你自己。"婚姻最终是一场自我修行，与伴侣的关系固然重要，但更重要的是自我成长。无论你与谁相伴，最终都是在与自己过日子。这就是婚姻的真相。

我们需要做的，不是期待遇到一个好人、找到一份好工作、定居在一座好城市，而是要把自己变成一个有"幸福力"的人。幸福不是靠缘分，而是一种能力、一种习惯、一种状态。内心幸福的人，无论身处何地、与谁相伴，都能感到幸福。内心不幸福的人，无论与谁在一起，都会感到不满。

正如作家梁文道所说："男人也好，女人也好，如果没有自己过日子的能力，就没有和别人过好日子的能力。"婚姻看似是一场两个人的旅程，但归根结底，是一场自我完善的修行。只有你把自己修好了，日子才能过得好，人生才会变得更加美好，包括婚姻在内。毕竟，幸福的根源不在于依赖他人，而在于内心的自足与平和。只有当我们学会了独立和自爱，才能真正与他人建立健康而持久的关系。

04

理性和感性并不相悖

　　很多人认为婚姻是爱情的归宿，是两个相爱的人携手进入一段漫长的旅程。而事实上，婚姻的基础远远超越了爱情，更多的是伟大的友谊。婚姻中必须同时保持感性和理性，二者并不相悖。真正的幸福婚姻不依赖浪漫的爱情故事，而是建立在彼此最深刻的理解、信任和友谊之上。

　　在一段高质量的婚姻中，夫妻是彼此的朋友，甚至是最好的朋友。朋友之间可以相互扶持，却不会强求对方改变。我们尊重彼此的独立，给予对方空间，同时，又在关键时刻可以依赖彼此。这样的关系看似简单，却是长久婚姻的精髓。我们无话不谈，愿意将自己的脆弱一面展现给对方；我们一起在生活的战场上拼搏，彼此信任，愿意将后背托付给对方。这样的婚姻，不是为激情所驱动，而是靠深刻的友谊和默契所维系。

然而，这种友谊并非意味着你们必须时刻围绕对方转，也不意味着彼此的生活完全重合。相反，在一段最理想的婚姻中，夫妻之间应保持适度的距离，各自拥有独立的生活和空间，既不要试图控制对方，也不要期望通过婚姻来改变对方。婚姻中的期望越少，彼此的关系反而越持久。若能放下对婚姻的种种期待，不再追求对方满足自己所有需求，婚姻反而会更加稳固和长久。

婚姻属于强者，尤其是精神上的强者。那些能够在婚姻中找到真正幸福的人，大多都是能够独立面对生活的强者。相反，很多人会因为无法忍受独处，或是为了逃避现实的孤独而匆匆步入婚姻，试图通过婚姻拯救自己的人生。然而，婚姻并不能解决内心的孤独和生活中的困境。如果一个人无法在独处时感到满足，那么在两个人的关系中，问题只会变得更加复杂。正如心理学家埃里克·弗洛姆所说："爱并不是两个人在彼此身上找到慰藉，而是两个成熟的人共享各自的生命。"

当你一个人都无法过好自己的生活时，婚姻不会是救赎，反而可能会带来更多的痛苦。婚姻并不是解决问题的万能钥匙，它并不能弥补一个人内在的匮乏。如果你在单身时过得不好，那么婚姻中的两个人只会陷入更多的矛盾和冲突。因为，一个不懂得照顾自己、管理自己生活的人，很难真正理解如何与他人相处，更不用提如何在婚姻中给予和成长。

因此，只有当你一个人也能过好时，才真正有资格进入婚姻。独立并不意味着不需要伴侣，而是当你在婚姻中，依然能够拥有属于自己的空间，依然能够为自己的生活负责，不让对方成为你唯一的支撑。这样的独立和强大，才是维系婚姻的基石。反过来，如果两个人都具备了随时能够离开的能力，你们之间的关系反而会更加稳固，因为你们明白，婚姻并不是依赖，而是相互的选择。

很多女性在年轻时对婚姻抱有太多美好的幻想，期待通过婚姻获得物质和情感上的安全感。然而，婚姻中的依赖关系往往会让人失去自我。当一个人把自己的幸福全部寄托在对方身上时，他的情绪和生活很容易随着对方的表现起伏不定。婚姻中的期待越高，失望的可能性也就越大。尤其是那些在婚姻中试图改变对方的女性，往往会发现，这种控制和期待最终带来的只是失望和痛苦。

在婚姻中，最重要的是保持一颗平常心，不对婚姻寄予过多不切实际的期望，顺其自然，不强求任何结果。唯有如此，婚姻中的两个人才能够更轻松、更自在地相处。不会试图改变对方，而是尊重彼此的差异，给予彼此独立的空间。这种婚姻关系看似疏远，实则是一种极高的境界。两个人各忙各的，各有各的生活，却又在关键时刻能给予彼此最真诚的支持。

　　婚姻中的独立不仅体现在物质上，更体现在精神层面。当你们能够独立思考，掌控自己的情绪和生活，你们才能真正与伴侣分享彼此的生命。当你一个人也能过好时，你的内心不会被焦虑和孤独困扰，你的生活也不会因为婚姻中的小波折而陷入混乱。正是这种内在的安宁，能够让你在婚姻中保持平衡，从容应对生活中的挑战。

　　总而言之，婚姻不是一个逃避现实的避风港，也不是一剂能够治愈孤独的良药。只有当你一个人能够过得很好时，才真正配得上进入婚姻。否则，两个人的生活只会更加复杂和混乱。幸福的婚姻，不是因为我们依赖彼此，而是因为我们能够在独立中彼此成就。

05

无为而治的情爱智慧

这个篇章讲讲情爱不谈婚姻，这个社会是多样性的，没有对错，我们尊重每个人的选择，幸福是一种能力和状态，幸福的人和谁在一起都幸福。这些年我发现，有婚姻也不一定幸福，单身离异的也未必不幸，我在自己的课程里经常讲结婚或离婚只代表一种关系，阶段性在一起或结束，不代表你成功或失败，只是一种生命体验而已。但只要有男女情爱，就需要情爱智慧。

能够长久维系情爱的，是一份珍贵且伟大的友谊。情爱中的两个人，若能成为彼此最好的朋友，甚至是战友，才能够在生活的风风雨雨中并肩作战，共同面对挑战。

这种友谊的基础是无话不谈，是愿意为彼此托付生命般的信任，就像是一场并肩作战的旅程，我们愿意把自己的后背放心地交给对方，深知对方永远不会背叛或抛弃自己。两个人在情爱中相互支持、彼此包容，正如战友一般，共同面对生活的种种考验和难关。

然而，这种深厚的友谊，并不意味着时时刻刻都要依赖对方，甚至相互束缚。事实上，上层的情爱往往表现为一种独立与共存的状态。两个人是朋友，各有各的生活和空间，各自忙碌自己的事业或爱好，互不干扰，但又保持着一种默契的联系。或许在旁人看来，这样的情爱显得有些冷淡、残酷，甚至缺少了婚姻该有的热情和温度。但实际上，这种友谊式的情爱已经达到了高质量的状态。

这样的关系强调了双方的独立与自由。情爱中的两个人不再把对方当作依赖的对象，而是像普通朋友一样，尊重彼此的生活方式和选择。正是这种独立性，赋予了情感更长久的生命力。因为，当两个人都拥有自己独立的生活空间时，情爱中的许多矛盾便自然而然地消解了。情爱中的彼此不再试图改变对方，也不再将对方视为自己人生的解药。这种无为而治的方式，正如道家思想所提倡的"无为而无不为"，是一种情爱的智慧。

如果我们在情爱中一味地试图改变对方，或是过分地期待对方为自己的人生负责，那么，这样的情爱只会陷入失望与不满的恶性循环中。情爱不是一种控制与支配的关系，它更像是两棵并排生长的大树，各自吸收阳光和养分，根系偶尔缠绕，但从不互相纠缠。在这种状态下，你们的关系反而能获得一种不期而遇的平衡与和谐。正因为彼此之间没有过多的期待，反而更加长久。两个人在一起的快乐，源自没有负担与压力的相处，而不是彼此的捆绑与依赖。

真正好的情感，并非彼此离不开对方的关系。相反，最稳固的情爱，往往是两个人都有随时离开对方的能力。这种能力并不是说两个人不在乎彼此，而是意味着两个人都拥有足够的自信和独立，能够在任何情况下面对生活中的挑战，而不必依赖对方。这种情爱中的自由和安全感，来自彼此都知道对方不会因为外界的诱惑或压力而轻易离开。正是这种随时可以离开的能力，让两个人在情爱中更加珍惜彼此，也更愿意为这段关系付出努力。就像两条大海里的鱼自由畅游。

情感的美好，不是依赖对方而获得的幸福，而是因为彼此都拥有独立而丰盈的内心世界，两个人才能够在一起分享生活的喜悦与感动。只有当两个人都拥有随时离开的能力时，他们才能够真正地走得更远。因为，这种能力背后，是对自己和对方的深深信任和理解，而这种理解，正是情感得以长久维系的关键。

情爱中的彼此，应该是独立而完整的个体，而不是彼此的依附。当我们能够真正理解并接受这一点时，便成为一种自由的选择，而非一种逃避的工具。只有在这样的情爱中，我们才能找到真正的幸福与平衡。

总之，当我们能够在男女情感中保持自我，同时尊重对方的独立性时，情感便不再是一种负担，而是一种美好而自由的关系。这种关系，才是幸福的真正奥秘。

06

家庭关系的底层逻辑

　　家庭，是每个人心灵的避风港，是每个人最初的归宿。在家庭中，最重要的不是讲道理，而是讲爱。家与社会、职场不同，家不是一个需要层层论证、分辨对错的地方。它是情感流淌的场域，爱是它的底色，是支撑一切的核心。当我们试图在家庭中用理性、逻辑去处理问题时，往往会发现，家里的氛围变得紧张、不和谐，甚至充满了矛盾和对立。

　　家庭里没有高低之分，也没有绝对的对错。在家里，每个人都是平等的个体，有着独立的情感和思想。当我们去讲一堆大道理的时候，很容易忽视家人内心的感受和需求。家庭成员之间并不是通过辩论或说服来维持关系的，家庭真正的纽带是爱。家庭是爱的道场。家人的关系，建立在亲密和理解的基础之上。每一个家庭成员都希望在这个空间里得到包容和接纳，而不是不断地被提醒该如何去做或者如何去改变。道理可以通过逻辑推导，但它触及不到人心的深处。相比之下，爱则具有强大的力量，道理无法到达的地方，爱可以。

然而，爱是一种无形的能量，它可以润物无声，也可以压得人喘不过气。在家庭中，爱有时也会成为一把双刃剑。爱的表达方式，以及它所承载的意图，常常决定了家庭中的氛围和每个成员的幸福感。母亲们往往带着与生俱来的焦虑，希望通过无微不至的照顾和过度的关心来保证孩子的成长。然而，过多的爱就像洪水泛滥，不仅无法滋养孩子的心灵，反而可能剥夺他们的自由。爱失去了分寸，家庭中的自由就会成为奢侈品。孩子失去了自由，也就失去了自我成长的空间，最终在过重的爱之下迷失了本性。

这种现象在很多家庭中普遍存在，尤其是现代社会的女性，常常被"好母亲"的身份束缚。她们抱着为孩子奉献一切的心理，将自己的期望、焦虑，甚至是未竟的梦想，寄托在孩子身上。殊不知，这样的爱却可能会让孩子在无法承受的期待中变得疲惫不堪。有位母亲曾说："我为孩子付出了那么多，为什么他还是对我心怀怨恨？"其实，问题的根源在于，母亲的爱里掺杂了太多自我的投射，而不是孩子真正需要的自由。

例如，有的母亲在孩子的学业、兴趣选择上表现得尤为焦虑。她们不考虑孩子的意愿，为他们安排一切，认为这样可以确保孩子的未来一帆风顺。然而，这种安排并未考虑孩子的天性与兴趣。孩子在这样的环境中往往会变得压抑、迷茫，甚至产生反抗的心理。其实，孩子的需求并不复杂，他们需要的只是适度的关爱和足够的自由空间。曾经有位教育家说："爱孩子并不是要为他们设计好每一步，而是要让他们有自由去探索自己的世界。"这就充分表达了爱与自由的平衡。

女性在家庭中的角色尤为重要，不仅是因为她们通常承担着照顾和教育孩子的主要责任，还因为她们的情感状态和价值观会深刻影响家庭的氛围，所以人们常说"一个幸福的母亲，才能带来一个幸福的家"。然而，很多女性在成为母亲后，常常忽略了自己的内心需求，把全部的精力都倾注在家庭和孩子身上。久而久之，这种失衡的状态会让她们陷入疲惫和无力感，进而在爱中带有了控制和依赖的成分。

我所说的自由，不仅仅指孩子的自由，更包括每个家庭成员的内在自由。家庭并不是一个控制和压迫的地方，它应该是一个给予彼此空间、包容个体差异的港湾。在这个港湾里，每个人都有追求自我、探索内心的自由，而不是为了维系表面的和谐而牺牲自我。无论是夫妻之间的关系，还是亲子之间的互动，都应该以爱为底色，辅以自由为基石。

众所周知，我们女性承担母亲或妻子的角色时，常常面临来自社会、家庭和自我期待的多重压力。她们被教导要成为"完美的母亲""贤惠的妻子"，于是用尽全力去迎合这种外界的要求。但事实上，真正幸福的家庭并不需要"完美"，而是需要爱的流动与自由的呼吸空间。就像有一位心理学家曾说的："家庭的和谐来自彼此的理解与尊重，而不是一方对另一方的过度付出或控制。"

作为母亲或妻子，女性不能完全为家庭而活，相反，一个有自我意识、懂得追求内在自由的女性，才能为家庭带来真正的幸福和稳定。正如王阳明心学所说："致良知，内心明亮而无畏，方能成就真正的自由。"同样的道理，女性在家庭中也应当追求这种内心的明朗与自由，而不是为外在的责任和压力所束缚。

家庭是讲爱的地方，不是讲理的地方。家庭中的每个成员都有自己的个性、需求和界限，而这些都需要在爱与自由的框架内得到尊重。正如一些女性在婚姻中逐渐发现，夫妻之间的关系并不仅依靠爱情维系，而更像是最深的友谊和相互信任。只有当彼此尊重对方的自由，理解彼此的需求时，婚姻和家庭才能真正和谐。

我曾遇到一位母亲，她完全是过度关注孩子的学习和生活，几乎没有留给孩子任何自由空间。每天放学后，孩子必须参加各种补习班，连周末也被她安排得满满当当。原本开朗可爱的孩子变得越来越不爱说话，也不爱搭理母亲，有什么事儿也不再和母亲分享，母子之间的关系变得疏离。母亲感到很委屈，觉得我都替你把一切安排得明明白白，你怎么还不给我好脸色？然而有一天，孩子终于忍不住哭诉道："妈妈，你能不能让我自己决定怎么过周末？我的周末不是我的周末，而是你想要的周末。"孩子的发泄让母亲陷入了深思，她意识到自己对孩子的爱已经变成了一种束缚。于是，她慢慢学会放手，给孩子更多的自由，孩子的笑容和活力也逐渐恢复了。

当然，自由并不意味着放任自流，它是一种对生命的尊重。当我们给予家人足够的自由时，我们是在承认他们的独立性和独特性。每个人都有自己的成长节奏和方向，而家庭应当是提供支持和理解的地方，而不是强加约束和期待的场所。我们应当理解，家人并不是为了满足我们的期望而存在的，他们有自己的生命轨迹，而我们的责任是陪伴、支持他们走向自己选择的道路。

爱是滋养生命的力量，而自由则是生命得以舒展的空间。只有在爱与自由的平衡中，家庭才能成为一个真正幸福的港湾。因此，在家庭中，与其去讲道理，不如多一些爱和理解。家庭是每个人心灵的避难所，是情感的归宿。让每一个生命都能够自由绽放，这就是家庭的意义所在。爱是家庭的灵魂，自由是家庭的基石，而两者的结合，才能让家庭成为一个让人感到温暖的地方。

07

道理到达不了心的地方

在现代社会中，女性扮演着越来越多样的角色：她们既是职场中的奋斗者，也是家庭中的支柱；她们既渴望独立与自由，也承载着传统家庭的责任与期许。而随着这些身份和责任的交织，很多女性常常会陷入一个误区——试图通过掌控家庭中的一切来维持"和谐"。她们希望通过讲道理、讲规矩来让家人理解自己的辛苦、体会生活的艰难，甚至认为这样能够维持家庭的平衡。然而，越是如此，家中的氛围越容易紧张。

家庭本该是一个让人感到温暖与舒适的避风港，而不是一个需要通过辩论来分出对错的战场。在这里，没有高低之分，也没有绝对的对与错。无论你多么努力地去讲道理、讲规矩，当你试图让家中的每个人都遵循某一套既定的规则时，反而会发现，家中的氛围变得不再祥和，反而充满了压力与不满。

事实上，我们应该认识到，家庭中的每一个成员，都有他们自己的经历、想法和情感，试图用道理去改变他们，只会让沟通的桥梁断裂。在家庭这个独特的道场中，没有人喜欢被教导，没有人愿意被"改造"。很多时候，道理到达不了的地方，唯有爱可以。

很多母亲会为孩子规划未来，要求他们按照自己的意愿生活——考好学校、找好工作、拥有体面的生活。她们这样做的初衷是出于爱，出于为孩子谋求幸福的心愿，但孩子感受到的往往是压迫与窒息。因为当母亲试图掌控孩子的生活时，实际上是在剥夺他们自主选择的权利。而孩子最需要的，恰恰是自由，是选择自己人生方向的权利，是在跌跌撞撞中学习成长的空间。

同样的道理也适用于夫妻关系。在婚姻中，许多人会不自觉地对伴侣有种种期待，期望他们按照自己的方式生活，做出自己想要的改变。然而，越是持有这种期待，就越容易产生失望和争执。夫妻关系最美好的状态，是彼此给予对方足够的空间，让每个人都能按照自己的节奏生活，真正做到"相敬如宾"。这种相敬如宾并不是疏远，而是一种尊重对方独立个体的存在，给予彼此内心的自由。

　　家庭的美妙之处在于它的柔软与包容。它不是讲道理的地方，而是爱和自由的栖息之所。当我们能够用爱去包容家中的每一个人，给予他们足够的空间去成长与探索时，家庭才会变得真正和谐与温暖。我们并不需要通过讲道理来证明自己的正确，也不需要通过控制来换取所谓的"平衡"。真正能够维系家庭的，是无条件的爱与自由。让花成为花，让树成为树，让他成为他自己，让你成为你自己。

　　当我们把自由还给每一个人时，实际上是在为自己和家人创造更多的幸福与成长的可能性。爱不是控制，也不是束缚，它是一种理解和包容，它让每个人都能在自己的节奏里找到生活的意义与价值。作为女性，尤其是在家庭中承担了更多责任的女性，当你能够让家中的每一个人做他们自己，给予他们充分的信任和理解时，家庭的温暖自然会流动起来。而你自己，也将在这样的家庭中找到属于自己的平和与幸福。正如托尔斯泰所言："幸福的家庭都是相似的。"这种相似，源于爱与自由的力量，它让每个人都能够在家庭中做最真实的自己。

08

请呵护好孩子的灵性

很多人见到我都会说我特别有灵性。或许，正是因为从小被赋予了爱、陪伴、信任和支持，我才得以在安全感中成长，让灵性自然显现出来。而这也是每个孩子灵性得以保持和发展的关键。

从我有记忆开始，父亲就会为我梳头发、扎辫子、洗头。父亲不惜一切代价让我参加少儿朗诵比赛，这也是我喜欢上舞台的原因。小时候，我非常贪玩，放牛时常常只顾着和小朋友抓螃蟹、过家家，或者在田地里炒菜玩乐。结果，我常常忘了放牛，导致牛走丢。那时，家里的牛是最值钱的，家人都快疯了。母亲的惊慌、奶奶的敌视、爷爷的厌恶，让我第一次感受到巨大的恐惧和自责。然而，父亲却安慰我说："没事，不怕，爸爸在，爸爸会去找牛。"

他跑遍了镇上的田地和树林，连续七天走访村庄，最终找回了牛。后来我才知道，那头牛其实是父亲买来的与丢失的那一头长得相似的牛。父亲总是给予我希望和美好，无条件地支持我，让我在任何困难和挑战面前依然充满自信和希望。

作为父母，还需要保护和提升孩子的好奇心、直觉和想象力。我的父亲常说，我小时候和其他孩子不一样，经常提出一些奇怪且富有哲学性的问题，比如："月亮上的神仙是什么官职？""为什么我会出生在你们家？""生活的意义是什么？"尽管有时他无从回答，但他从未打压我，始终鼓励我说："你的问题问得很好，好好读书，将来你就会明白。"父亲从未限制我的想象力和对未知世界的好奇心，让我自由地探索和想象。因此，我认为，孩子的灵性若得到保护和激发，将会展现出强大的创造力。

作为父母，最好的教育就是保护孩子的天性，不让孩子在任何时期丢失自己的本真。这种天性是随性、自由、自然的状态，可以创造奇迹。苏格拉底曾说："教育不是灌输，而是点燃火焰。"保护孩子的天性，激发孩子的灵性，是家庭教育中最重要的环节。

民间教育家王凤仪总结了修行的真谛："去习性、化禀性、回天性。"《中庸》首章明确指出，教育就是发展我们的天性。天命之谓性，率性之谓道，修道之谓教。老天赋予我们的就是性，遵循天性就是道，修养自身则是教。道不可离片刻，离开了就不是道。情绪的中和与和谐，使天地归位，万物得以生长。

教育孩子要尊重和发展他们的天性，激发他们的灵性，使他们拥有智慧，才能在未来以爱心处理所有事务。尽管国家已多次强调减轻孩子负担，但应试教育的压力依然使教育内卷化，给孩子的身心健康造成了极大伤害。睡眠不足、体育锻炼缺乏，导致了身体素质的严重问题，近视率居全球之首。

自从怀孕以后，为了成为一个优秀的妈妈和老师，我深入研究了家庭教育和心理学。特别是在中考、高考期间，我处理了许多孩子的问题，发现当代孩子的心理问题日益突出。几乎所有反馈咨询的孩子都承受着巨大的压力，抑郁症、躁狂症、孤独症、自闭症、恐惧症层出不穷，许多孩子甚至失去了生活的意义。这种培养方式将导致孩子进入社会后无法适应，缺乏动力。许多孩子变得自私、狭隘、偏执、情绪化、难以相处。他们的思维变得教条化，不能真实感知世界，既无法享受世界的美好，也缺乏创新和创造力。

这些问题是严重且系统的。作为女性教育工作者，我希望所有父母在教育孩子的过程中，一定要保护和呵护孩子的天性。孩子的童年转瞬即逝，儿时对待他们的方式将深刻影响他们的一生。尤其是那些宝贵的"天性"，若能用心呵护，将成为他们一生治愈的力量；反之，也可能成为痛苦的根源。

那么，如何呵护孩子的灵性？这是让我深深感恩的一个课题。

我有一个伟大的父亲，他用他的爱和生命捍卫和呵护我的灵性。儿时经历深深触动了我，也希望与大家分享。

首先，要让孩子与大自然建立亲密的联系。我记得小时候，春天，父亲会陪我去抓知了和捕蝴蝶；夏天，他带我去荷塘摘荷花和莲子；秋天，他带我欣赏枫叶；冬天，他第一时间带我去堆雪人和打雪仗。与大自然的连接一直是我创作的源泉。感受广阔的天地和泥土的气息，让我在成长过程中对人、事、物有了特别敏感和细腻的连接力。让孩子尽可能地接触大自然，释放他们的天性，自然会教会他们自主观察、尊重生命。

其次，要保护和提升孩子"爱"的天性。我小时候不爱读书，但父亲知道我喜欢看图画书，于是经常带我去书店寻找那些经典图书。新华书店是我最喜欢的地方，父亲陪我在那儿一待就是一个上午。后来我才明白，那是经典阅读。让孩子自由地与大师对话，站在巨人的肩膀上，他们就能达到前所未有的精神境界，这也是启发孩子灵性的一种方法。

灵性是大自然赋予人类的天赋，让我们一起呵护孩子的灵性吧。

四

打破宿命的轮回

01

女人回归本位系统

"女人归位"这一概念，不是强调让女性回归到传统的家庭角色或仅限于家务，而是引导女性回归到其作为家庭核心的本质。这个"归位"是女性在家庭中的角色重塑与价值体现。她不仅是家庭的女主人，更是温柔、包容的象征，具备承载、托起和引领的能力。女性的自我成长是一条绵延不断的道路，既是来时的路，也是归去的路。通过一路的经历，女性可以学会平和与喜悦，培养爱自己和他人的能力，最终走向真正的自由与幸福。这才是当今时代女性最大的成功。

在家庭中，女人的力量不仅体现在日常事务的处理上，更体现在她如何以温柔与智慧指导家庭的成长与发展。她可以通过创造和谐的家庭环境，包容家人的不足，同时帮助家人成长。所以，女人归位不是让女性放弃自我发展，而是通过自我的提升，去实现家庭的稳健繁荣。

生命因母亲而起源，世界因母亲而精彩。女人智慧则国智，女人强则国强。女性是家庭中的灵魂，是家中的风水，也是家中的晴雨表。一代好儿媳，可以影响三代好儿郎，这种历史经验证明了女人对家庭和社会的重要性。

一种安详、柔软的女性状态，能够让家庭去掉浮躁之气。人只有在进入柔软的思考状态时，才能找到与世界交流的独特密码。家庭的风气、孩子是否勤劳有序，往往都由母亲来决定。这就是所谓的"家中有女，才是安"。因此，女性的成长力量远比所谓的成功更为重要。

一个女人最大的魅力在于成长。生活中有许多难以掌控的事情，唯有成长是可以把握的。可能有人会妨碍你的成功，但没人能阻止你的成长。一个女人，只要不停地成长，就能依靠自己，拥有想要的生活。

然而，许多女性终其一生都不清楚自己真正想要的是什么。无论古今中外，女性的自我觉醒之路从来都不是坦途。许多女性都会面临成长的难题：与伴侣的感情逐渐疏远，亲子关系矛盾激化，婆媳问题频出；渴望自我提升，却找不到途径，也找不到一起成长的伙伴。

在日常琐碎的生活中，开辟出一条自我成长的道路，对大多数女性来说，似乎异常艰难。我们终其一生都在寻求什么？精神的自由、身体的自由、灵魂的自由。在寻找自由的路上，我们需要扪心自问：在岁月的磨砺中，我们能否感受到岁月赋予的美好与质感？你是否觉得人生变得通透、美好？

当下流行的心灵成长概念，如"内在小孩"，提醒我们内心成长的重要性。成长不是简单地随着年龄增长，而是指心灵的成熟。很多人即使在生活中辛苦忙碌，但心智仍未成长，依然处于"巨婴"状态。这种纯真和天真的评价在某种程度上是一种贬低，表明该成长的地方却没有成长。然而，如果一个人经历了人生的风雨后，能够返璞归真，看待事物如孩童般简单，热爱生活，那才是真正的智慧。

岁月可能带走年轻的容貌，但它真正影响的是心灵中的无限可能。真正拉开女性差距的不是美貌，而是成长。岁月能从你手中夺走的，从来都不是你认为宝贵的东西。真正重要的是内在的提升、思维意识的转变和持续思考的能力，这些才是决定人生走向的关键因素。

当一个女性开始具备自我成长的意识时，她的人生就到了一个岔路口。她在每一个选择面前都有两条路：一条是继续平庸的路，另一条是活出自我的路。选择的路不同，决定了她用何种姿态前行，也决定了她走这条路时是越来越自在，还是越来越痛苦。只有不断成为更优秀的自己，才能在岁月中活得有价值。成长如一道光，只有靠近它，我们才能收获明朗的未来。

当今社会，女性早已不再是那个"大门不出二门不入"的旧式家庭角色，而是步入了一个独立觉醒的时代。许多女性已经意识到，成长是唯一的出路。所以，在面对婚姻问题、亲子问题、婆媳问题等生活挑战时，她们可以通过情绪管理、培养内在力量、自我接纳、建立健康的边界等方法智慧地化解，不为情绪所裹挟，回归内心的平静与满足，在各种关系中获得自由与尊重，逐渐掌握生活的主动权。

女性作为家庭的支柱、自我人生的主导者，通过不断地自我成长，在家庭中发挥出更大的智慧和力量，帮助家人走向幸福与成功，同时也成就了更好的自己。这条成长之路，不仅是女性自我价值的体现，更是她们在复杂社会中找到归属感与满足感的途径。余生，让我们一起做一个不断成长的女人，不是为了取悦他人，而是为了成为更好的自己。

02

智慧父母的修炼

当下，许多父母常常处于焦虑之中，生怕自己的孩子输在起跑线上，别人家的孩子学什么，自己的孩子也要学什么；别人家孩子有什么，自己孩子也要有什么。从来不管孩子是否需要，是否适合。还有一些父母一生都在为子女忙碌，服务于孩子的需求，但却没有意识到该如何智慧地去爱。

事实上，很多问题往往是父母自己造成的。有的家长在工作结束后，躺在沙发上看电视，笑得没心没肺，冷不丁转过身来，冲着孩子大声吼道："别在这里浪费时间了，快去读书！"古语道："其身正，不令则行；其身不正，虽令不从。"这句话用在父母教育孩子身上再合适不过了。

作为父母，身教重于言教。家长以身作则，做好榜样，子女自然会效仿你；反之，若家长自身行为不当，却对孩子严加管教，即便再三叮嘱，孩子也未必会听。众所周知，真正有智慧的家长不仅停留在言语上，而是通过不断提高自身素质，在无形中影响孩子。父母是孩子的第一所学校，是他们的第一任老师，因此，在教育孩子时，必须有系统的认知和深思熟虑。

家长们常常失败的地方，不在于孩子未来是否会功成名就，而是孩子在被他们爱护和滋养之后，却不懂得如何去爱。许多父母以为自己一生中最伟大的事就是爱孩子，殊不知孩子既没有感受到爱，也没有学会爱别人。这是因为父母在爱的认知上存在偏差。

虽然我也是一位新手母亲，但作为家中的长姐，我深刻体会到"长姐如母"的责任感。我的两个弟弟如今都非常优秀，这令我感到非常骄傲。多年接触上万名女性背后的无数家庭和孩子问题后，我总结出六种"爱的智慧"。在此，我将这些经验无私地分享给大家，以帮助大家真正学会如何爱孩子，成为他们生命中最好的学校。

首先，智慧的父母，懂得适当使用孩子，而不是事事为孩子代劳。就像刀不磨会变钝，孩子不锻炼会变懒。许多父母心甘情愿地做孩子的保姆，事无巨细全包揽。无论是在家还是在外，父母替孩子打理一切，孩子则习惯性地接受这一切服务，甚至觉得理所当然："你生了我，就该为我服务。"这种习惯会导致孩子成年后缺乏责任感，难以适应社会。有智慧的父母则会鼓励孩子去承担责任，从小培养孩子的独立性和担当。

其次，智慧的父母，善于激励孩子，而不是一味指责和挑剔。有些父母总喜欢用别人的长处去贬低孩子的短处，"你看人家"成了他们的口头禅。这样的比较常常让孩子感到自卑和无力。相反，宽容和鼓励则能让孩子充满自信，勇于面对失败与挫折。孩子的成长历程中，错误是必不可少的。有智慧的父母会接纳这些错误，视其为孩子成长的一部分，而不是一味打骂或否定。

再次，智慧的父母，从小培养孩子的分享意识，而非独享。分享不仅是一种美德，更是快乐的源泉。孩子从分享中感受到快乐，会让他们更关心他人，拥有更好的人际关系。我的先生在这方面给了我很大的启发。他总是给儿子买多份玩具，让他学会与小区的小朋友分享。孩子从小懂得分享，长大后就会成为一个懂得付出并拥有丰富内心的人。

复次，智慧的父母，懂得在规矩中培养孩子，而不是对孩子百依百顺。溺爱并不能让孩子变得幸福，反而会害了他们的一生。有智慧的父母明白，孩子需要管理，规矩和习惯是需要培养的。放手不等于放纵，关爱不等于溺爱，帮助孩子从小养成良好的行为习惯，是对他们未来负责的体现。

又次，智慧的父母，始终相信孩子，而不是常常怀疑。疑心过重的父母容易让孩子感到自卑，甚至让孩子习惯性说谎。相反，信任能让孩子感受到爱与肯定，并促使他们努力变得更好。信任的力量能唤醒孩子内心的潜能，让他们变得更加优秀。

最后，智慧的父母看重的是孩子成长的过程，而不仅是结果。成功与失败都是人生的宝贵体验。只关注结果的父母可能会给孩子带来巨大的压力，甚至导致无法承受失败的痛苦。有智慧的父母则更看重孩子在挫折中的表现，教导他们如何在失败中站起来，在逆境中成长。

做到以上几点，家庭这个学校才能真正发挥教育作用。当你用智慧的眼光认识孩子，用智慧的方式走进孩子的世界，就能还给孩子一个有爱的童年，并建立起亲密、温暖的亲子关系。

03

淤泥中的那朵红莲

不是每个人都有资格体验真正的苦难。苦难并不是一种普遍的经历，它更像是人生中的一种独特磨炼，只有那些准备好承受它并从中汲取力量的人，才能够真正从苦难中走出来，走向更大的成功。身不苦福禄不厚，心不苦智慧不开。苦难，仿佛是人生的考验，那些最终能够有所成就的人，几乎都经历过九九八十一难。

你可以观察身边那些取得巨大成就的人，他们的经历中几乎没有缺少艰辛与困苦的片段。这些过往的艰难，不仅没有阻碍他们的脚步，反而成了他们成长和成熟的养料。而这一切，取决于我们如何看待苦难本身。苦难并不是简单的负累，它可以是一种让我们强大起来的力量源泉。对待苦难的态度，决定了我们的人生高度。

一个人在苦难中不断长大和成熟，才会在淤泥中长出那朵美丽的莲花。莲花的美，不仅来自它的外表，更是因为它经历了泥泞，却依然能够纯洁绽放。这种经历象征了生命中那些看似艰难、充满挑战的时刻。苦难是人生的淬炼，它让我们学会坚强，学会在逆境中找到突破口，并最终绽放出属于自己的光彩。

没有一个强者拥有简单的过往。那些看似风光无限的人，他们的背后都有不为人知的艰辛和坎坷。然而，他们面对这些艰难时的态度却与常人不同。他们不会被苦难击倒，反而在每一次挫折中不断成长。他们理解"事来心应，事去心止"的智慧，能够在事情到来时从容应对，不惧挑战；当事情过去时，也能及时放下，不让内心背负过多的压力。这种心态，是他们在苦难中脱颖而出的关键。

越是经历过苦难的人，越会明白幸福的真谛并不在于拥有多少快乐的事。真正决定一个人幸福感的，是他是否能够不为一些琐事所烦恼。那些不断被小事牵绊、为无关紧要的事情焦虑的人，往往离幸福越来越远。相反，能够从容面对生活中各种状况的人，才是真正幸福的。正如老子所说，大道至简。真正的智慧，不在于复杂的理论和技巧，而是在于心灵的平和与顺其自然。

人的一生，总会遇到各种各样的事情，有的令人欢喜，有的令人烦恼。但幸福的人懂得，"事来不怕事，事去不挂心"。当问题和挑战来临时，他们能够勇敢面对，不被困难吓倒；而当问题过去后，他们也能轻松放下，不让心灵为过去的负担所困扰。这样的心态，让他们在人生的旅途中，始终保持内心的平静与安定。

真正的幸福来自内心的自由。那些能够脚踏实地，过好自己生活的人，不会因为外界的风吹草动而感到焦虑或不安。他们知道，生活的本质在于顺其自然，过度的控制和企图改变外界，只会让自己更加疲惫。学会顺其自然，放下那些不可控的事物，是通向幸福的道路。

对于那些尚未经历过苦难的人来说，他们往往会对幸福有一种错误的理解。认为幸福是无忧无虑，是拥有一切想要的东西。然而，真正经历过苦难的人会明白，幸福并不是外在条件的堆砌，而是内心的一种状态。即便生活中充满挑战和不确定，只要内心保持平和与自在，幸福感就会伴随而来。

苦难是人生的试炼石，而我们如何定义苦难，决定了我们能从中获得什么。如果把苦难看作一种负累，我们就会感到压抑和无力；但如果我们将苦难视为一种养料，它就会成为我们成长和变强的动力。每一次的挫折，都是我们走向成熟的必经之路。那些在苦难中不屈不挠、不断成长的人，最终都会在生命的舞台上绽放出耀眼的光芒。

当我们经历了足够多的风雨，回首往事时，才会发现那些曾经让我们痛苦的经历，反而成就了我们。没有苦难，就没有成长；没有痛苦的洗礼，智慧就无法开启。苦难是生命给予我们的礼物，它让我们变得坚强、有智慧。

现代社会，人们越来越追求舒适和安逸，很多人都试图避开苦难，寻求一种无痛的人生。但实际上，正是那些看似不可避免的挫折和困难，塑造了我们真正的内在力量。那些未曾经历苦难的人，往往缺乏足够的韧性和深度，而那些在苦难中坚持下来的人，却获得了生命中最珍贵的财富——智慧与力量。

因此，面对人生的起伏与波折，我们应当怀着感恩的心去接受。每一个挑战都是一次成长的机会，每一次困境都是一种磨炼的契机。真正的强者，不是那些从未经历过风雨的人，而是那些在风雨中依然坚定前行的人。人生的意义，不在于避开苦难，而在于如何在苦难中找到属于自己的道路。

我们要学会与苦难和平共处，不是抗拒它，而是从中汲取力量。只有当从容面对人生中的每一个困境时，我们才能真正体会到幸福的真谛。幸福不是一种简单的快乐，而是一种在苦难中依然保持内心平静与满足的能力。这种能力，正是通过一次次的磨砺和考验锻造而成的。

因此，苦难不是我们的敌人，而是我们成长的伴侣。它教会我们坚强、智慧，也让我们在生命的旅途中找到真正的幸福。正如那朵美丽的莲花，正是在淤泥中才得以绽放。

04

不被情绪所困

　　常言道："有心者有所累，无心者无所谓。"在这个世界上，没有人能够真正困住你，能困住你的只有你自己。许多烦恼并非源自事情本身，而是源于我们的反应。痛苦的根源在于，我们心中装错了东西。对于女性而言，智慧在于不活在别人的眼里，不活在情绪里，而是找到内心的宁静与力量。

　　从小，女性被教导要温柔、体贴，要顾及别人的感受，甚至迎合社会的期待。这些要求往往使女性活在他人的目光中，容易被外界的评价左右。然而，女性的价值不应依赖他人的认可。真正的独立与智慧在于掌控自己的情绪，不因外界的看法而失去方向。

　　试想，当你因为他人的批评而感到沮丧时，是否已经无形中启动了自己的负面情绪？生活不该是一场为了他人期待的表演。作为女性，你不需要时刻取悦他人。正如"鞋子合不合脚，只有自己知道"，生活的真谛在于遵从自己的内心，而不是迎合外界的眼光。

女性往往被要求兼顾事业与家庭，但真正的平衡来自内心的安定，而不是他人眼中的"完美"。正如苏格拉底所说："未经审视的生活不值得过。"但这个"审视"应当来自自己，而非外界的目光。我们无法让所有人满意，也不需要取悦所有人。

情绪的敏感是女性的双刃剑。当我们能够理解自己的情绪时，它能帮助我们更好地与人共情；但当我们被情绪困住时，它也会成为我们前行的阻力。很多女性在工作与家庭的双重压力下，容易因外界的评价而自我怀疑。或许你在为事业打拼时，总听到有人说"女人该以家庭为重"；而当你为家庭投入更多精力时，又有人会说"女人应该独立自强"。这些声音常常扰乱我们的内心，使我们陷入不必要的情绪波动。要知道，真正的力量，不在于外界的肯定，而在于你是否能掌控自己的情绪，不被他人左右。

生活是给自己过的，不是给别人看的。这对女性尤为重要。太多人为了迎合外界的期望，忽视了自己的需求，最终失去自我，情绪也因此变得敏感而脆弱。女性在承担家庭责任的过程中，常常忘记了最初的梦想，把自己活成了他人眼中的"好妻子""好母亲"，却忽略了做自己。

有时，情绪的困扰来自对事物的执念。我们容易被过去的伤痛或未来的忧虑困扰，而忽视了当下的美好。心理学中有一种现象叫作"情绪的回收站"。生活中总有些情绪，是我们无法彻底清理的，它们不断积累、堆叠，最终堵塞了我们的心灵，使我们无力应对现实中的挑战。要避免这种情况，女性就要学会清空情绪的"回收站"，让内心保持通畅与清洁，学会为自己卸下那些不必要的情感包袱。

人生是有限的。作为女性，我们常常在多重角色中平衡着梦想与责任。然而，如果总是困于外界的评价或过去的情绪，如何走向更加开阔的未来？所以，我们需要从情绪的牢笼中解脱出来，给自己内心成长的空间。

美国心理学家罗伯特·安东尼说："改变你的思维方式，就像打开一扇新的窗户，让阳光照进生活。"当我们学会调整心态，不再被情绪牵绊时，生活中的困难也会迎刃而解。无论是职场上的压力，还是家庭中的矛盾，行动与理智才是解决问题的关键。

面对生活的风雨，有智慧的女性不会让情绪主导自己。遇到挫折时，责备他人或自怨自艾都无济于事。成熟的女性懂得冷静思考，找到问题的根本，采取行动。女人的力量不在于外在的坚硬，而在于内心的柔韧与坚定。

活在自己的世界里，不启动坏情绪，是对女性自我最大的尊重。生活的美好在于我们如何感受它。那些经历过波折却依然内心平和的女性，正是因为她们懂得不被外界的声音扰乱自己，正应了那句"境随心转，心若安，境自好"。

那么，作为女性，如何才能不活在别人的眼里？首先，要明白，别人的看法不能定义你的人生。其次，要学会掌控情绪，遇事冷静分析，而非立即启动情绪。最后，坚定内心，不被外界的风吹草动动摇。女人的生活不该是忙于取悦他人，而是为自己从容地活着。

总而言之，我们每个女人都要明白，生活是自己的旅程，情绪是我们心灵的客人，而非主人。做自己，走自己的路，才是对生命最好的回应。

05

善良是非常高等的天赋

善良不仅是我们通常所理解的美好品质，它是人类最高等的天赋之一。不过，这种天赋并不像艺术、语言等其他天赋那样容易展现，它复杂、深沉，甚至在没有力量与智慧支撑时，会让我们承受巨大的痛苦与挫折。善良不是简单的心软，也不是天生的懦弱，它蕴含着巨大的潜能，而如何驾驭这种潜能，便是每个拥有善良之心的人必须面对的挑战。

尤其是女性，天生感性，善良仿佛是与生俱来的天赋。她们擅长用温柔与关怀面对生活中的点滴琐事，无论是对待家人、朋友，还是陌生人。然而，善良若未被驾驭与磨炼，就容易被误解为软弱与妥协。许多女性都曾有这样的经历：她们付出善意、耐心，甚至不求回报地为他人奉献，最后却换来了委屈与辛酸。这是因为，善良在没有金刚力与智慧的保护下，就像泥菩萨过河，自身难保。

佛家语："慈悲没有力量，只是软弱。"善良与慈悲都需要更为强大的心性和智慧，才能在风雨中屹立不倒。在我们刚开始对他人伸出援手时，可能是出于本能的善心，看见别人受苦，我们感同身受，便心生怜悯，想为他们排忧解难。这样的善良，虽然美好，却仍然处在幼稚的阶段。它是一种未经打磨的本性流露，还缺乏深思熟虑和对局势的掌控。

如果我们细心观察生活，不难发现，很多女性在各种关系中失去了自我，而这一切往往都源于她们想要守护善良的心愿。这种善良初看温柔体贴，然而若未附以力量，便难免陷入被动。比如，一个母亲可能为了家庭日夜操劳，却忽视了自己的需求；一个妻子或许一再妥协，只为维系一段婚姻，结果却失去了自己的尊严。这种善良在未成熟时，容易陷入盲目奉献的误区，而这种奉献终将让她们身心俱疲。

如何让善良走向成熟？这便是我们女性在成长过程中必须面对的终极挑战。真正的善良，不仅是帮助他人，更是在帮助他人时依然能够坚守自己的底线，保全自我。不让自己被情绪左右，不轻易被他人的困境卷入其中。善良的女性并非没有原则的"好人"，她们是有底线、有力量、有智慧的守护者。

善良需要力量的支持。这个力量，源自内心的坚定与自信。它是一种清晰的自我认知，懂得何时给予，何时收回，何时该付出，何时该保留。正如圣贤王阳明所提倡的"知行合一"，善良不仅是一种内心的善念，还应转化为外在的行动，但这个行动必须经过智慧的过滤。我们不仅要知道如何给予爱与善意，还要知道如何保护自己，避免将自己耗尽在无意义的付出中。

一位女性朋友一直以善良著称，无论遇到什么人，她都会毫无保留地提供帮助。她相信，善良是值得追求的，而她的善意也会得到应有的回报。然而，现实是残酷的。她的善良不仅没有换来尊重，反而让她陷入了一场场痛苦的境遇：她帮助过的朋友渐渐变得依赖她，却从未回馈她；她在工作中对同事无比宽容，最后却被同事们一次次讽刺。她开始怀疑：难道善良是错的吗？

直到后来，她在经历了一次重大挫折后，遇到了一位智者。智者告诉她："善良不是错的，但你的善良还不够有力量。你要学会保护自己，再去帮助他人。"她这才意识到，善良不仅是给予，它还需要界限，需要智慧，更需要力量来捍卫自己的尊严。她逐渐学会了如何设定界限，如何在给予他人帮助的同时，保留自己应得的权利。这种转变，让她从一个"泥菩萨"蜕变为一尊真正的"菩萨"——有智慧，有力量，且能够在现实生活中收获真正的尊重与幸福。

　　这种智慧和力量，正是善良所必需的"金刚手段"。没有金刚力的善良，常常只会让人感到软弱无力，甚至成为他人利用的工具。我们需要在善良中学会拒绝，学会设立界限，学会说"不"。有时候，拒绝并不是一种冷漠，而是一种对自己和他人的负责。我们不能一味地去帮助别人而忽略了自己，也不能因为害怕伤害别人而让自己受伤。

　　同样地，在教育孩子的过程中，我们也应教他们如何在善良中找到自己的力量，既能温柔待人，又能坚定自我，不轻易被外界的压力动摇。孩子需要明白，善良不是一味地退让，而是在保持原则的同时，用爱心和智慧去面对世界。这样的善良，才是充满力量的，能够在面对复杂的人际关系和生活挑战时，帮助孩子成为既有爱心又坚强独立的人。

　　总之，无论任何时候，我们都要明白，善良不是软弱的象征，也不是圣母般的无私，它是佛教中的"菩提心"与"金刚手段"的结合。善良需要与智慧并存，与力量同行，唯有如此，我们才能真正驾驭善良这个高等天赋，成为一个内外兼修、心志坚韧的人。

06

无人可依便是重生时

一个女人在什么时候进步最快？很多人可能会认为是在她得到了认可、拥有足够资源和支持的时候。然而，真正能够促使一个女人快速成长和蜕变的时刻，往往并不是那些安稳舒适的时光，而是当她失去安全感的时候。

当一个女人失去外界给予的安全感后，她会经历情感上的波动与痛苦，甚至可能会感到被生活推到了悬崖边缘。然而，正是在这样的时刻，内在的力量会被唤醒，她必须学会依靠自己。她开始认识到，真正的安全感不是来自外界，而是来自内心。当她不再把安全感寄托于别人，尤其是不再依赖那个曾让她失望或伤害过她的人时，她的内心就会变得前所未有的强大。

　　失去安全感对很多人来说是一种十分恐惧的状态，因为，我们总是习惯依赖外部环境和他人的认可来定义自己的价值。在恋爱、婚姻甚至事业中，许多女性往往将自己的情感安全感寄托在伴侣、家庭或工作上。她们可能会陷入一种惯性——害怕失去那份"依靠"，害怕没有了他人，自己无法独立生存。然而，当这种外部安全感突然消失，反而是她们成长的契机。

　　在失去外在依赖的瞬间，女人会经历强烈的情感波动。她会感到委屈、失落，甚至会经历一段迷茫无助的时期。她曾经依赖的那个人或那个环境，可能是她所有信心和安全感的源泉，一旦消失，整个人仿佛失去了支柱。她可能会问自己："我该怎么办？"然而，正如心理学家卡尔·荣格所说："你内心的光，往往是在最黑暗的时刻被点亮的。"失去安全感的经历虽然痛苦，但也是内在成长的起点。一个女人会在这个时候重新审视自己，开始思考自己的需求与价值。她会学会放下对他人或环境的依赖，开始关注自己的内心需求，并从中找到力量与自信。

　　美国著名的电视主持人欧普拉·温弗瑞，曾在职业生涯的早期遭遇重大挫折——被电视台解雇。这对当时的她来说无疑是一次重大的打击，她失去了事业上的安全感，感到前途渺茫。然而，正是在这个关键时刻，欧普拉决定不再依赖他人的认可，而是勇敢追求自己真正热爱的事业，开创了属于自己的电视节目，并最终成为全球知名的女性领袖。她曾说："你要学会自己创造机会，而不是等待机会来临。"她的成功正是源于她在失去外部支持后，勇敢地依靠自己的内心力量，最终成就了自己。

不可否认，许多女性都曾在婚姻或恋爱关系中遭遇过失去安全感的时刻。有些女性可能会因为伴侣的背叛、冷漠或离去而感到世界崩塌，认为自己再也无法恢复。然而，当她们慢慢走出那段黑暗的时光，回过头来审视自己时，往往会发现正是这些痛苦让她们更加强大。那些曾让她们伤心的人，反而成为她们成长的助推器。因为，在失去安全感后，她们不得不面对内心的孤独与脆弱，最终学会依靠自己。

作家龙应台曾在书中写道："有些路，你只能一个人走。"这句话道出了许多女性在失去安全感后的深刻体验。当她们不再依赖外界，而是独自面对内心的痛苦与成长时，她们的进步是最快的。这种进步，往往是在她学会不再依赖他人、克服情感伤痛的过程中发生的。当她不再把自己的幸福寄托于外界，而是学会自己掌控情绪时，她的内心会变得更加平静与强大。她不会再因为他人的言行而轻易受到伤害，也不会再把自己的快乐与痛苦全盘交给他人。这个时候，她的情绪不再被外界牵动，她也不再关心那些曾经让她受伤的人。她真正学会了自我掌控，开始为自己的人生负责。这个过程虽然充满了孤独与挑战，但同时也赋予了她们重建自我的机会。

　　产后抑郁的那段时日，是我经历的灵魂至暗的时刻，那种无人可依、无人诉说、无家可归的感觉，仿佛剥皮抽筋。每当痛彻心扉之时，我就会不断和自己的内心对话，不断和自己的高我连接，去发现自己那颗珍贵的心，去发现那个本自具足的自性。当你无人可依时，便是你的重生时，请珍惜老天让你觉醒的机会，看见背后的礼物。

　　人生中最重要的旅程，永远是自我的探索与成长。每个人都会在人生的某个阶段，意识到外在的依赖、关系甚至成功，都无法给予内心真正的平静和满足。尤其是对女性而言，当她们学会不再将自己的幸福寄托于他人或外界的认同时，内心的强大和安全感才会随之而来。这种自我觉醒的过程，正是女性成长的关键转折点。在这个过程中，女性不仅会变得更加独立和自信，还会学会与自己与他人建立更加健康的关系。当她们不再因为失去某种事物、某个人或某段关系而感到无助时，真正的自由与幸福便随之而来。

07

"不要了"本身就是一种强大

在生命的旅途中，每个女人都会经历无数的选择与放弃。那些曾经让我们夜不能寐的人与事，那些让我们纠结徘徊的执念，似乎无时无刻不在折磨着我们的内心。我们常常会在某一刻陷入迷茫，仿佛被困在无形的枷锁中，无论如何努力，都无法挣脱。但有时，解脱的钥匙就在我们自己手中，一句简单的"我不要了"，就能瞬间击碎心中的桎梏，带来久违的自由与轻松。

"我不要了"，无疑是一个很绝的心态，充满了力量。每当我们陷入无法释怀的纠结时，告诉自己："我不要了。" 就在那一刻，我们会发现，内心如释重负。无论是期待着一句无法兑现的承诺，执着于一个注定不会有结果的追求，还是苦苦维系着一段不对等的关系，所有的这些耗费心力的情绪和人际消耗，都会在这简单的宣言中化为无形。

"我不要了"，意味着不再纠缠，不再为那些无谓的内耗耗尽心力。村上春树曾说："人生很奇怪，有时候自己觉得璀璨夺目、无与伦比的东西，甚至不惜抛弃一切也要得到的东西，过了一段时间或者稍微换个角度再看一下，便觉得它们黯然失色。" 这正是许多人面对执念时的真实写照。曾经为之拼命坚持的，最终可能只是一场虚幻，而我们却在这场执念的旅程中耗费了太多的时间和情感。

有时候，"我不要了"不仅是一种解脱，更是一种勇敢的选择。因为，只有当我们真正放下那些不再有意义的东西时，才会为新的可能性腾出空间。我们常常把精力倾注在不值得的人和事上，忽略了生活中那些真正值得去追寻的美好。或许是因为不甘心，或许是因为习惯，但在很多情况下，放手才是最智慧的选择。当我们终于下定决心，说出"我不要了"的时候，那一刻的力量感无法言喻。我们不再期待、不再幻想、不再强求，我们开始懂得什么才是自己真正需要的。

"我不要了"，不是逃离，也不是失败，更不是妥协，而是明智的抉择。我们曾经试图为一棵树停留，想从它那里寻求依靠；曾经为一条河驻足，试图从它那里找到方向。但现在，我们明白了，树有风作陪，河流奔向大海，而我们，也有更远的路要走。过去的执念和痛苦，只会阻挡我们前行的步伐。人生如旷野，我们要走的路很长，何必因为片刻的迷茫而停滞不前？

　　一位女性朋友曾深陷于一段注定无果的感情中。她为了那个人放弃了很多属于她的机会和快乐，甚至牺牲了自己原有的梦想和生活方式。她的生活重心全围着那个人转，尽管她清楚地意识到那段关系无法继续，却始终无法下定决心放手。每当她痛苦不堪时，总是希望对方能够有所改变，然而最终等来的只是更多的冷淡与失望。直到某一天，她突然对自己说："我不要了。" 就在那一瞬间，她感受到了久违的解脱。那段消耗她的感情不再纠缠她，仿佛一扇尘封已久的大门终于打开，阳光透进了她的心房。她放下了那段无谓的执着，重新找回了自我，迎来了生活的新篇章。

　　"我不要了"是一种决断，也是一种对生命的掌控。它让我们摆脱了那些无谓的牵绊，重新回到属于自己的轨道。取舍之间，便是人生。可有，可无；可多，可少，我们不必被选择困住，也不必在不必要的事物上浪费过多的精力。放下，未必是失去，反而是一种获得。我们可能会收获自由、快乐、勇气，甚至是久违的平静。

　　对于每一位女性来说，成长的过程中，总会经历无数的迷茫与选择。人生并不需要那么多牵绊和依附，我们要学会在合适的时刻为自己做出决定，不再为那些不再属于我们的事物而驻足不前。当我们轻松地说出"我不要了"的时候，那不仅是对过去的告别，也是对未来的承诺。我们将会拥有更广阔的天地、更丰富的生命体验。

所以，千万不要害怕说出"我不要了"。当你决定放手的时候，你不是在逃避，而是在为自己创造新的机会。你会发现，那些曾经让你困扰的东西，随着你的放手，早已失去了它们的光彩。你会变得更加自由，更加勇敢，更加坚定地走在自己选择的道路上。

不要了，或许是你能对自己最好的承诺。

08

无论何时请保留神秘感

有人的地方便有江湖，其中的波诡云谲、变幻莫测，常常让人措手不及。在这个复杂的江湖中，尤其女性想要站稳脚跟，属实不易。面对错综复杂的人际关系，女性往往需要付出比别人更多的努力与智慧。那些伪善的微笑、潜藏的阴谋和暗中的压力，都是她们必须应对的现实。

尤其是一些有意无意的拿捏，更是令女性朋友苦不堪言、疲于应付。最常见的场景可能就是那些看似无伤大雅的请求，比如，"你去食堂吗？顺便帮我带份饭"，或"待会儿下楼帮我取个快递"……开始时，我们或许觉得没什么，互帮互助嘛，收获好人缘也无妨。然而，正是这种心态，让我们在不知不觉中成为别人眼中的"软柿子"。久而久之,几乎每个人都觉得可以从我们身上薅点什么,而我们自己却往往龟缩在阴暗的角落里,疲惫、委屈,甚至迷茫,不知道如何拒绝。这种被拿捏的感觉,是一种沉重的心理负担,而它的根源,往往是我们过于轻易地暴露了自己的软肋。罗翔说:"被人拿捏只有一个原因,那就是你透露了太多的信息。"当别人知道我们渴望什么、恐惧什么,他们就会利用这一点,将我们牢牢掌控。

因此,在与他人的相处中,越是暴露自己的内心,越容易被他人看穿、掌控。而那些试图拿捏我们的人,正是通过一点一滴的试探,逐渐了解我们的软弱之处,然后加以利用。当我们感到被压迫或被利用时,必须清醒地认识到,任何人的轻视都是从小的试探开始的。如果我们一次次地退让和迁就,只会让对方得寸进尺,直到我们丧失了所有的主动权。面对那些试图拿捏你的人,展现出坚定和果决,才能让自己从他们的掌控中解脱出来。

生活中,我们最容易被拿捏的,往往就是那些我们最看重的情感,无论是亲情、友情,还是爱情。情感作为人与人之间最深刻的纽带,总是让人难以割舍,但也最容易在不对等的关系中受伤。这种不对等并非瞬间形成,而是在无数次妥协和退让中积累,最终让一方成为掌控局面的强者,另一方则逐渐失去了自我。

首先,亲情上作为最根深蒂固的一种情感联结,其中的责任感和义务感往往让我们难以拒绝那些过度的要求。想象一下，你或许经历过这样的情景：父母对你的生活安排过多干涉，兄弟姐妹对你的付出视为理所当然。因为，亲情是一种天然的连接，拒绝往往显得无情和冷漠，而这正是很多女性容易被情感拿捏的原因。或许你会觉得自己"多做一点也没关系"，但实际上，这些微小的让步往往会累积成巨大的情感负担，最终让你在亲情关系中迷失自我。

比如，我的一个女学生钰琪，听完她的故事我对她更是心疼，希望她快点成长活出自我。从小就承担着照顾弟弟妹妹的责任，父母觉得她"懂事"，总是要求她多付出一些，帮忙照顾家庭。成年后，父母依然觉得她理应扛下家中的重担，甚至在她自己的生活中，也常常因为家庭的期望而陷入困境。钰琪虽然心中有不满，但她始终无法对家人说"不"，因为那意味着她会被贴上"不孝顺"的标签。这样的亲情关系，随着时间推移，逐渐让她感到疲惫和压抑，但她始终无法摆脱这种情感的束缚。正如我们所说，吃小亏或许是一种智慧，能维持家庭的和谐，但当这种亏吃到心累、疲惫时，就会对自己造成实质性的伤害。像钰琪这种善良有经历的姑娘一旦觉醒可以帮到千万女性。

其次，友情也是一个容易让人陷入情感拿捏的领域。我们每个人在成长过程中，都会遇到各种类型的朋友，有的朋友善于表达，有的朋友则喜欢接受别人的付出。在这种情况下，如果一方总是习惯于帮助别人，总是愿意倾听、包容，渐渐地，他就会成为被拿捏的对象。例如，朋友每次有困难或烦恼，第一个想到的人总是你，因为他知道你不会拒绝。然而，当你自己有了难处时，却发现他并没有那么在意。这种情感的不对等，会让你感到失落，但出于维护友谊的考虑，你依然选择忍耐和妥协。

再说到爱情，女性在感情中常常容易因为爱而失去自我。爱情是两个人的事情，原本应该是互相成就、共同成长，但在很多关系中，往往会出现一方的过度付出，而另一方则习惯性地享受这种付出。比如，一个女生与男友在一起多年，从一开始的甜蜜到后来的冷淡，她感到自己在这段感情中越来越被忽视。男友总是要求她为这段关系做出妥协，而她也因为害怕失去这段感情，一次次地放下自己的底线。无论是生活中的小事还是大的决定，她都选择了妥协，最终甚至开始怀疑自己是否真的值得被爱。这样的感情拿捏让女生逐渐失去了自我。她发现自己在这段关系中，越来越依赖对方的态度，自己的情绪也被对方掌控。每当男友对她冷淡时，她会感到焦虑不安，担心是自己做得不够好；而当对方偶尔展现出一点关心时，她又会觉得这段感情还有希望。这样的循环，让她陷入了情感的旋涡中，无法自拔。最终，她明白，真正的爱情并不应该如此，爱是两个人的互相支持，而不是让一方无止境地妥协和奉献。

因此，在情感关系中，学会拒绝和设定界限显得尤为重要。无论是亲情中的责任、友情中的关怀，还是爱情中的付出，都应该是基于双方的互相尊重，而不是一方的无条件妥协。只有当我们懂得在情感中保有自我，不让自己被过度利用和拿捏时，我们才能真正拥有健康、平等的关系。

生活中还有一种常见的拿捏，就是对期望的捆绑。我们常常希望通过满足别人的期待来证明自己的价值。"被期待才是最值得承受的负担"这句话，曾经让我也深以为然。然而，随着时间的推移，我意识到这句话背后隐藏着一种危险：为了迎合别人的期望，我们可能丧失自我，被困在别人的眼光和评价中。期望一旦成为压力，我们的生活就会被掌控在他人手中。

女性尤其容易陷入这种困境。我们总想着要做一个好人，要满足别人对我们的期待，结果却往往不是我们希望的那样。罗翔也曾提醒我们："不要在自己所看重的事情上，投入不切实际的期待。"有限的人与事物永远无法承载我们无限的期待，因此，减少对外界的期望，不被别人的期望左右，才是真正的自由。

总而言之，在复杂的人际关系中，女性常常会因为过于善良、柔软而被拿捏，不知不觉中成为别人眼中的"好拿捏的软柿子"。如果我们想要改变这种局面，首先要学会拒绝。拒绝不合理的要求，拒绝那些消耗我们的关系，拒绝那些让我们失去自我、丧失尊严的感情。

有时候，拒绝并不是一种自私，而是一种自我保护。

在成长的路上，女性要学会保护自己，不被感情和期望束缚，不轻易透露自己的底牌，更不要让别人的轻视从小事中发芽。唯有如此，我们才能坚定地走出困境，将生活的主导权永远掌握在自己手中，活出属于自己的力量和勇气。

五

静待花开，感受岁月之美

01

去靠近滋养你能量的人

每个人都渴望正能量的滋养，愿意与阳光同行，远离黑暗的阴影。然而，生活中总会有负能量不期而至，犹如潜伏在阴影中的小偷，时刻准备夺走我们最宝贵的东西——资源、时间和精力。这些负面的人和事，往往在不经意间打破了我们内心的平衡，带来不必要的情绪消耗和心理负担。这时候，我们应该如何应对呢？弘一法师给出了答案："凡是负能量的东西，都不要去回应，回应就会与之纠缠，纠缠就会受其损耗。"

一位智者在散步时遇到了一个不喜欢他的人。这个人一路上对他百般辱骂，企图激怒他。智者不作任何回应，只是转身问那个人："如果有人送你一份礼物，但你拒不接受，那么这份礼物算谁的？"那人脱口而出："当然算送礼的那个人。"智者微微一笑，继续向前走去。

这个故事告诉我们：负能量就像一份无礼的"礼物"，我们有选择不接受的权利。当我们拒绝回应时，负能量自然会回归到释放它的源头，我们的内心依然可以保持平静。

负能量的存在，往往以各种形式出现在生活的方方面面。它可能是一段不健康的关系、来自工作中的压力，甚至是周围人无意中的言语伤害。它如同阴霾般笼罩着我们，影响着我们的心情和生活节奏。如果我们一味地接受这些负能量，不仅会让自己陷入焦虑、愤怒的情绪旋涡，还会逐渐失去对生活的热情和希望。

古人云："君子不立于危墙之下。"这告诫我们，要有选择性地避开那些可能带来伤害和消耗的事物。负能量正如一堵危墙，如果我们不小心靠近它，就可能被其压垮。尤其对于女性来说，在现代社会中，既要应对来自家庭、事业的双重压力，又要处理复杂的人际关系，负能量随时都可能侵袭我们的生活。我们无法控制外界的变化，但可以选择不让这些负能量侵入内心。

面对负能量时，我们最常见的情感反应可能是愤怒、委屈，甚至想要进行激烈的反击。然而，反击往往是最无效的方式。正如尼采所言："当你凝视深渊时，深渊也在凝视你。"与负能量对抗，只会让我们被它反噬，陷入更加疲惫和无力的状态。我们在面对这些情绪时，更需要保持冷静和智慧，以"不接受，不回应"的态度来守护自己的内心。

一位职场女性遇到一个对她万般挑剔的领导。无论她如何努力工作，总会被挑出毛病。她试图向领导辩解，结果只换来对方变本加厉的挑刺。后来，她意识到与这样的负能量纠缠只会消耗自己，于是决定不再做无谓的争辩，而是专注于自己的成长和进步。结果，负面的干扰逐渐减少，因为领导自觉无趣，而她的内心也变得更加平静。

女性大多天生具有很强的共情能力，容易为别人的苦难而感同身受。然而，过度的共情也是对自己的一种消耗。如果我们总是无条件地接纳他人的负面情绪，我们不仅无法真正帮助他们，反而会让自己陷入其中、难以自拔。聪明的做法是保持距离，远离那些只会带来负能量的人和事，专注于自己的成长与正能量的积累。

《道德经》里说："知止者不殆。"懂得适可而止、不被外物所扰的智慧，在当今社会极其珍贵。我们要懂得何时应该抽身而退，不被消极的人和事影响自己的判断和选择。对于女性来说，这种内心的坚定尤为重要。无论是家庭中的矛盾，还是职场中的压力，学会用正能量武装自己，并远离那些消耗我们内心力量的事物，是每一个女性自我成长的必经之路。

有人说，人生就像一场修行，而女性的修行常常是在红尘之中完成的。我们无法脱离生活的琐碎和复杂，也无法回避那些令人心生不快的时刻。但我们可以选择与什么为伍。一个内心充满正能量的女性，无论外界如何波动，都会在心中构建一个安稳的世界。她不会被外界的风雨打乱节奏，更不会因为他人的负能量而迷失方向。

《红楼梦》中的妙玉曾说："一入红尘，便染尘埃。"负能量的侵袭就如同生活中的尘埃，无法完全避免，但我们可以用智慧与从容将它轻轻拂去，不留痕迹。每一个不回应负能量的决定，都是在为自己争取更多的平和与自由。

生活是自己的，体面也是自己给的。聪明的女性懂得选择，不会让负能量有机可乘。我们需要为自己设立情感上的界限，远离那些不适合的关系，把精力放在值得的人和事上。当你身边充满正能量，你自然会感受到生活的美好与积极，人生也会进入一个良性循环。当你面对负能量，做到不接受、不回应，你才能保护好自己的内心，才能在人生的道路上轻装上阵、所向披靡。

02

接受尘世间所有的不同

　　如果一个人总是执着于许多事情，常常不愿轻易放手，总想在每件事情上争个是非对错，渴望一个明确的结果。那些未能解开的误会、未能解决的争执，甚至与亲友之间的微妙分歧，都曾经让一个人夜不能寐、心绪难平。每当遇到不同意见时，你总是试图去说服对方，甚至不惜一切代价去寻求一个所谓"公正"的结果，仿佛唯有如此，才能安抚内心的焦虑与不安。然而，随着岁月的流逝和生活的沉淀，你会渐渐领悟到，人与人之间的认知差异，本质上是难以调和的，所谓的"对"与"错"，其实常常是相对的。每个人的思想、行为和观念，都深受各自的经历、成长环境以及认知框架的影响，这使同样的事情，在不同视角下会变得模糊和复杂。

一个人心中有执念，那种执着的状态仿佛是一场无尽的拉锯战，总想赢得别人的理解和认同。但我逐渐意识到，人心各有所愿，每个人心中的想法、期许、追求，往往和他人完全不同。这并不是因为我们谁对谁错，而是因为我们心中各自的世界并不相同。很多时候，表面的分歧和争执，其实并不在于逻辑层面的对错，而在于我们内心深处的需求、期望和情感投射。而这些东西，常常是看不见的，也是难以用语言精确传达的。

我也曾在家庭和亲密关系中深刻地感受到这一点。作为妻子、母亲和儿媳，我总是试图让别人理解我，渴望他们能够认同我的付出和努力。每当发生矛盾时，我会竭尽全力解释自己的观点，希望得到他们的理解，认为唯有如此，才能让关系变得更加和谐。然而，事实并非如此。无论我如何努力，家人有时仍然无法完全理解我的想法，而我也无法真正走进他们的内心世界。这让我陷入了长期的情感困境，既觉得委屈，又感到无奈。

曾有一段时间，我为此陷入深深的迷茫，甚至开始怀疑自己：为什么我如此努力地沟通，关系却没有变得更好？后来我明白了，真正的问题不在于沟通的技巧或逻辑的清晰，而在于我们彼此之间心中的愿望和期许本就不同。每个人都是根据自己的经历和感受在看待世界，而这些感受，又往往是独一无二的。正因为如此，我所认定的"正确"和"公正"，未必就是别人眼中的标准，而他们的判断和期望，同样也难以全然为我所接受。

在人际关系尤其是亲密关系中，这种认知差异尤为明显。女性常常肩负着更多的情感责任，也因此更加容易陷入对"理解"的追求中。我们渴望被看见、被听见、被理解，但往往忘记了，别人并不是我们心中的镜子。我们每个人都有自己的生活轨迹和经历，有自己独特的情感和心愿，这些塑造了我们的视角，也决定了我们看待世界的方式。当我终于意识到这一点时，曾经的那些争辩和执着，突然变得不再那么重要了。

生活中，每个人都有自己内心的渴望与追求。或许在同一个家庭中，我们期待的是和谐与理解，而对方可能更多的是渴望自由与独立。或许在亲密关系中，我们追求的是情感的依赖与安全感，而对方却更加重视自我实现与空间感。这些差异，都是基于我们内心深处的不同需求。无论我们如何努力去解释、去沟通，有些差异始终是不可调和的。

认识到这一点后，你便会放下那种执着于争个"对错"的心态。并不是每件事都需要有一个明确的答案，也不是每一段关系都必须达成完美的共识。有时，我们需要的不是更多的争论，而是更多的理解和包容。每个人心中的愿望各不相同，而我们的关系和情感，也正是在这些差异中发展和演变。

　　在日常生活中，夫妻或情侣因为一些琐事争执不休是常有的事儿。可能是关于谁该做家务，谁该带孩子，或者谁该承担更多的责任。双方都有各自的理由，彼此都觉得自己的付出和努力被忽略了。在这样的情况下，争论的对错其实并不重要，重要的是，我们能不能看到对方心中的渴望和需求。也许他需要的是更多的理解与支持，而她需要的是更多的感激与关怀。当我们能站在彼此的立场上去看待问题时，很多争执自然就偃旗息鼓了。

　　《红楼梦》中说："世事洞明皆学问，人情练达即文章。"在人际关系中，我们不必总是追求一个绝对的答案，而应该更多地去体会和理解对方的心愿。人与人之间，心中各有所愿，这种差异是自然的，也是无法避免的。接受这一点，不仅能够让我们自己更加轻松，也能够让我们的关系变得更加融洽和谐。

　　去更多地去倾听别人的心声，而不是一味地争论对错。每当遇到分歧时，提醒你自己，每个人心中都有各自的愿望和期许，而这些愿望未必和我的完全一致。正是这种差异，让我们的生活充满了多样性和丰富性。我和我婆婆的关系就是这样穿越的，从不同到共融。当我们学会接受这一点时，很多问题都会迎刃而解。我们不再需要通过争论来获得安全感，而是能够在彼此的差异中找到共存的智慧。

　　人生中，我们每个人都有不同的愿望和追求，而这些愿望和追求，构成了我们与他人相处的独特模式。接受这种差异，并以包容的心态去面对，才能让我们在关系中找到真正的平衡与和谐。

03

钱是最有灵性的

　　四季轮回、生命交替，愿我们的生命如同那璀璨的流星，每一颗都能绽放动人的光辉。生命应充满光与热，绽放出最美的光彩。生命的意义如此厚重，无论我们如何努力都不为过，因为我们生而为人，生而为众生。

　　男人不失野性，女性不失灵性，这样的平衡让我们更加接近生命的本质。人为什么会渴求金钱？绝大多数人渴求金钱，是因为他们渴望吸引他人注意力，显示自己的重要感。金钱本质上只是一种工具，而热爱才是引领我们到达目的地的动力。如果一个人将赚钱当作最终目的，而不是一种手段，那么他并没有真正地活着，而只是机械地生存罢了。

　　如果你不知道自己就是财富的源泉，自己就是这世上最珍贵的存在，那么你就会不自觉地渴求金钱和重要感。要知道，一个没有爱的人，才会过分迷恋金钱；一个不敢去爱他人的人，才会把金钱当作自己唯一的依靠。

　　如果你没有梦想，没有爱心与热情，如果你既不单纯也不天真，你就会沉迷于对金钱和成就的渴求；如果你没有任何才华，且对父母、对他人、对社会没有实质性的贡献，如果你不能像艺术家、科学家、伟人那样用自己的才华改变世界，你就会全力以赴地追求金钱，仿佛它是你唯一的救赎。

　　假如你没有爱心，没有想为社会作出贡献的愿望，假如你非常自私，孤立自己，和这个世界没有一体感，你必然会陷入对金钱的执迷。真正的金钱，其实是爱的力量的外化；真正的快乐，源自爱，而不是金钱。一个知道拥有爱的人，是最富有的人；相反，一个没有爱的人，即使拥有再多金钱，也是世界上最贫穷的人。

　　金钱从来不是凭空赚来的，而是别人对你帮助的回报。你能帮助多少人，就有多少人愿意为你付出金钱；你能解决多大的问题，就能得到多大的财富。那些一心只想着赚钱的人，反而往往赚不到钱，因为他们掉进了钱的陷阱里，只看见金钱，却从不思考自己能给别人带来什么价值。这样的人，怎么可能赚到真正的财富呢？

我们每一个人都应该反思三个问题：

你存在的价值和使命是什么？

你能给别人带来什么帮助？

你能帮这个世界解决什么问题？

当你真正想通了这三个问题，你才有可能开始真正地赚钱！

人们往往只盯着"钱"本身，而不去思考自己的思维障碍和价值缺陷。只想得到眼前的利益，却从不想克服自己的弱点。于是，陷入了一种越是急于赚钱却又越赚不到钱的恶性循环中。钱的背后是产品和服务，而当你将产品和服务做到极致时，财富自然会随之而来。

产品和服务的背后，是人心的需求。社会无论如何变迁，人心的本质不会改变。人心的背后，是"道"，而一旦你"得道"，那"赚钱"就会变得顺理成章。财富有道，唯有找到内心深处的那条"道"，你才能真正拥有永恒的财富。

04

不要轻易可怜一个人

在日常生活中，当我们遇到需要帮助或处于困境中的人时，常常心生怜悯之情。然而，在面对这些情境时，如何正确地表达善意、帮助他人并不容易。有些人可能会陷入可怜他人的情绪中，但可怜带来的结果却不一定如预期中那样美好。相反，慈悲是一种更高层次的关怀，它不是建立在同情和怜悯的基础上，而是基于平等与圆满的智慧。

可怜是一种低频率的能量，它带有怜悯与施舍的成分，往往会让施予者和接受者陷入不平等的关系中。可怜意味着施予者俯视接受者，是一种居高临下的姿态。这种低频率的能量不仅无法真正帮助被可怜者，甚至会将施予者也拉低到同样的低能量水平。

而一旦被可怜的人习惯了这种关系，他们可能开始依赖外界的帮助，无法自主改变自己，这就像是一潭死水，始终无法流动，也无法从根本上得到提升。

在现实生活中，这种现象屡见不鲜。比如，某些人在外面受挫，却将愤怒带回家中，发泄在家人身上。他们不敢对上司或客户表达不满，转而对家人进行指责，甚至诉诸暴力。他们用各种理由为自己的行为开脱，声称"还不是为了你们好"，实际上是在情感上进行操控，满足自身的需求。这类行为的背后，隐藏的是一种弱势能量的掠夺。弱者无法自给自足，他们需要从他人身上汲取能量以缓解自身的不满和不安。而这些能量的获取，常常是通过打压和控制他人的方式实现。这种现象，不仅出现在家庭中，也在社会底层广泛存在。我们有时候甚至会看到，有人在争吵中败下阵来以后，便开始躺在地上哭诉自己的不幸，试图引发他人的同情。这种行为看似脆弱无助，实际上是在通过他人的情感和能量来满足自己的需求。施予同情的人越多，他们就越依赖这种情感寄托，内心的空虚始终无法填补，直到他们的负面能量彻底将他人消耗殆尽。

因此，可怜的力量是有限的，甚至是有害的。可怜他人，并不能真正改变他们的处境，反而会强化他们的依赖感，使他们更加无法独立面对生活的挑战。除非他们自己经历了重大的变故，重新觉醒，开始做出改变，否则外界的帮助很难触及根本。你的同情和帮助，可能只是暂时的安慰，而他们的困境一旦失去了外界的支撑，便会迅速回到原来的状态。这种低频的相处模式，实际上是在牺牲自己的能量，而并没有真正带来正面的改变。

然而，慈悲的能量却完全不同。慈悲的底层逻辑是圆满的、平等的、完整的。在慈悲者眼中，没有对错，没有高低，所有人、事、物都处于因缘和合下所呈现的状态。慈悲是一种超越的理解，是站在更高的维度看待世间的种种。慈悲者不带有情感上的负担，他们不会因为他人的不幸而觉得自己有责任去改变什么，而是以一种宽广的心境，包容所有的现象和存在。在这种状态下，慈悲是一种强大的、持续的能量，它能给予他人正向的引导，却不强求他人改变。慈悲不求回报，不期待他人依赖，而是一种无条件的爱与接纳。

在佛教中，"观世音菩萨"便是慈悲的象征。传说中，观音能听到世间众生的痛苦呼声，并给予他们安慰与帮助，但她的帮助不是建立在施舍或可怜之上，而是基于智慧的引导和无私的关怀。慈悲不去过度干预他人的生活，而是提供一种精神上的支持，使人们自己能够领悟到改变的力量。这种慈悲的力量，能够真正帮助人们找到内心的平静与觉醒，而不是依赖外界的拯救。

因此，当我们在生活中遇到那些弱势思维、低能量的人时，我们需要谨慎对待。可怜和同情可能会让我们陷入能量的消耗，而慈悲则让我们保持平等与智慧。慈悲不是无条件地接纳所有人的行为，而是带着清醒的心态，去理解世间万象的因果关系。慈悲者不会被他人的情绪裹挟，因为他们深知每个人都有自己的能力和成长过程。与其消耗自己的精力去拯救他人，不如以慈悲的心态，保持自己的能量平衡，给予必要的引导和支持，同时尊重他人的选择与命运。

总之，我们要知道，可怜是一种低能量的互动模式，它不仅无法帮助他人，反而会拉低自己的频率。而慈悲则是一种高能量的智慧，它不带有评判和控制，而是包容和接纳，让人们在自己的节奏中成长。真正的慈悲，是一种精神的给予，不是情感的牺牲。当我们面对弱势思维的群体时，与其给予同情，不如怀揣慈悲，用智慧的眼光看待他们的处境，提供适当的支持，但不过度消耗自己。这样，我们才能在帮助他人的同时，保持自身的平衡与圆满。

05

完美主义是最大的自我防御机制

　　当今社会，许多女性在成长的过程中，不自觉地戴上了完美的面具。我们被要求在各个角色中都做到最好——在职场上成为佼佼者，在家庭中做贤妻良母，在外貌上追求无瑕的美丽。似乎一旦展现出任何弱点或不完美，便会被人轻视，甚至失去存在的价值。然而，真正的幸福和成长，并不在于外在的完美，而是源于内在的完整。

　　"家丑不可外扬"是我们文化中根深蒂固的观念。在这种文化的熏陶下，许多人从小被教导要隐藏自己的缺点，不能展现出脆弱的一面。我们学会了压抑自己的情感，不敢表达内心的焦虑与不安。即使在面对婚姻中的冲突、工作中的压力，以及日常生活中的不如意时，许多女性也选择把这些问题深埋心底。我们害怕暴露自己的脆弱，担心被批评或被视为失败者。这个背后的根源是羞愧和恐惧，这两个看不见的紧箍，使我们失去了与他人真实连接的能力。

我曾经也是这样的完美主义，作为一名美学老师，怀孕后我一度无法接受自己身材变形和容颜的变化。作为一名幸福力的导师，我也曾因为无法处理好家庭关系而感到无力，一度自我否定不想回到舞台讲课。那时的我试图用"完美"的形象来掩盖这些问题，结果却让自己陷入了更深的痛苦。

直到我开始学着接纳自己的不完美时，敢于把自己最暗淡的时光暴露，情况才发生了转变，我不再逼迫自己一定要维持某种外在的形象，而是选择直面那些内心的困惑与脆弱。接纳自己的不足，不是认输，而是成长和真正强大的开始。我不在乎外在他人对我的看法来构建我，而是真正听从内心的声音，全然接纳意味允许，允许自己万丈光芒，也允许自己软弱无力。当我敢于接受这一点时，我感受到了内在神性力量的生发，无所畏惧。

我发现那些全心全意去生活、勇敢面对自己的人，恰恰是那些能够坦然展现自己的脆弱与不完美的人。正如作家布琳·布朗在她的书中提到的："脆弱是勇气的体现。"那些敢于接受自己不完美的人，往往能够与他人建立更密切的联系。他们不再隐藏自己的缺点，而是选择面对这些缺点，接纳它们，并从中汲取力量。

完美主义是我们在成长过程中学会的自我防御机制。我们试图通过追求完美来获得他人的认可，但这种方式往往让我们陷入孤立和压力的深渊。我们变得小心翼翼，只敢呈现社会期望中的"完美"一面，尽力掩盖所有的瑕疵。然而，这种对完美的执着往往让人活得非常破碎。人无法坦然地接受自己的不完美，便会开始"麻痹"自己的感觉，去逃避面对内心深处的脆弱。于是，有些人开始沉迷于烟酒、购物、游戏等短暂的刺激，以麻痹痛苦。然而，我们在麻痹痛苦和害怕的同时，也麻痹了喜悦与幸福，生命的完整性逐渐被破坏。

生活的本质是不完美的，承认这一点并不意味着我们妥协或放弃追求更好的自己，而是意味着我们学会了接纳自己所有的部分——包括那些不完美的、脆弱的、受伤的自我。只有在这种接纳中，生命才能真正转化。正如裂缝让阳光照进来，我们的脆弱和不完美恰恰是我们获得力量的源泉。

有一位女性学员朋友，曾经因为家庭压力而感到深深无力。她的丈夫事业成功，孩子优秀，但她自己却常常因为无法平衡家庭和工作的责任而焦虑不安。每当她与丈夫发生争执时，她总是选择沉默，因为她害怕表达自己的情绪而破坏了家庭的和谐。她用完美主义包裹着自己，试图让一切看起来无懈可击。然而，随着时间的推移，她感到越来越孤独，内心的压抑让她陷入抑郁。

直到有一天，她终于鼓起勇气，向身边的朋友倾诉了自己的困惑和脆弱。朋友没有批评她，反而给予了她理解与支持。她意识到，自己并不需要将所有问题都压在心底，完美并不是维系家庭的唯一途径。通过接纳自己在婚姻和生活中的不完美，她找到了释放内心压力的方式，也与家人建立了更真实的连接。

由此看来，当我们敢于袒露自己的脆弱时，往往能获得意想不到的力量。生命的完整，不是建立在外在的成功和无瑕的表象上，而是在于我们是否能够坦然接受自己的一切。脆弱并不可怕，它是我们成长的起点。正如布琳·布朗所说："脆弱不是软弱，它是我们拥有情感、能够连接和真实地生活的能力。"

我们不需要在所有的事情上都做到完美。每个人都有自己的局限和缺陷，这并不影响我们成为一个完整的人。一个真正完整的女性，不是没有缺点或问题，而是能够坦然面对这些问题，并从其中找到力量。接纳自我不仅是对自己内在世界的接纳，也是对我们所处的复杂生活的接纳。

人生的路上，既有风雨也有阳光。我们需要学会在挫折和困境中找到属于自己的平衡点。

与其追求一个遥不可及的完美形象，不如放下负担，去接纳那个不完美却完整的自己。让我们勇敢地展现自己的真实，拥抱所有的脆弱与力量。真正的成长和幸福，不在于我们能否满足外界的期待，而在于我们能否与内心的自己和平相处。

　　所以，请放下对完美的追求，接纳自己的一切，无论是美好的还是不美好的。生命的完整不在于我们是否达到了某个标准，而在于我们是否能够真实地生活，是否能够在每一个瞬间与自己和解。当你能够真正接纳自己，生命才会展开你从未想象过的美丽画卷。

06

孤独是一种常态

在这纷繁复杂的世间，你是否时常发现自己身处孤独之中？走在熙熙攘攘的人群中，你会发现内心常常空荡荡；白天，你可能忙于工作、家庭和社交，似乎一刻不得闲，可每当夜深人静时，孤独又悄然而至，无处遁形。无论你身边是否有人，无论你是否与亲朋好友相伴，孤独仍旧如影随形。白天，它是一群人的孤独；夜晚，它是一个人的孤独。

没错，人生百态，孤独是常态，它并不因为我们身边有多少人而改变。我们常常认为，孤独是那些没有伴侣或朋友的人所承受的痛苦，而事实上，孤独是一种内心的体验，它更多地来自我们与自己的关系。在现代社会中，尤其是我们女性，面对事业、家庭、情感的多重压力时，孤独感往往更加明显。

　　然而，孤独是成年人必须面对的课题。一方面，成年人的世界将面对更多的无常：亲人的离世、朋友的离别、工作的失去，甚至身体的老化，这些无常让我们不得不意识到生命的脆弱和个人力量的有限；与此同时，成年人的情感经历更加丰富，我们可能经历过爱情的甜蜜与痛苦、友情的考验与消失、亲情的疏离与变化，这些情感经历使我们对情感的需求更加深沉，但正因为如此，能够与我们产生深度共鸣的人越来越少，于是我们感到无助与孤独。另一方面，世俗认为，成年人应该拥有成功的事业、稳定的家庭、良好的人际关系，但实际上，许多成年人在生活中感到困惑、不安，甚至对自己的未来感到迷茫。这种冲突往往导致我们陷入内心的孤独，因为我们无法完全满足外界的期望，也无法与他人分享自己内心的挣扎。

　　从某种意义上说，孤独是成人成熟的标志。正如哲学家克尔凯郭尔所说，"孤独是自我走向独立的途径"。加西亚·马尔克斯在《百年孤独》中写道："孤独原本是人生常态，生命中曾有过的所有绚烂，都将用寂寞偿还。"书中的布恩迪亚家族历经了百年的兴衰起伏，最终每一个成员都在孤独中消亡，这似乎是生命轮回的一种隐喻——我们每个人终将在孤独中面对自己的人生。而在这个过程中，孤独成为我们理解自我、走向成熟的关键。只有在孤独中，我们才能真正思考自我、审视生活，并最终找到人生的方向。通过孤独的思索，我们逐渐明白，许多问题无法依赖他人解决，内心的安宁只能通过与自己达成和解来获得。所以，孤独并不可怕，它是成长的催化剂。

古人早已知晓孤独的价值。庄子曾说："独来独往，是谓独有；独有之人，是谓至贵。"当一个人能够在孤独中与自己相处，内心将变得更加宁静与强大。杨绛先生在《我们仨》中也曾感慨："人生最曼妙的风景不是别人的认可，而是内心的淡定与从容。"对于女性而言，懂得享受孤独，正是对自己的一种尊重和爱护。

有人可能会说，世人皆不喜欢孤独，如何能够做到享受孤独呢？答案只有一个，那就是提高你的独处能力。

什么是独处能力？"独处能力"指的是一个人在没有社会互动的情况下，能够获得内省、放松、自我成长和满足感的能力。人格心理学家伯格认为，独处不仅是指身体上的独自一人，而是即使身处人群中，只要没有与他人交流信息，同样也算是一种独处。真正的独处能力，体现在一个人能够主动接纳和利用这种状态，享受内心的平静与自我探索。例如，当你在图书馆里，周围安静且无人交谈时，你可以专注地沉浸在阅读中，感受到内心的愉悦与满足；或当你在公园的长椅上静静坐着，观察着周围的景象，内心平静，这便是一种积极的独处体验。

　　然而，如果你看似独自待在家中，却一直通过各种软件聊天或刷社交媒体，这并不是真正的独处，因为你的注意力依然被外界分散，无法真正与自己独处并获得内心的平静和成长。

　　独处并不意味着单纯地远离他人或将自己封闭起来。关键在于，当没有外界的过多干扰，注意力不被外界因素主动或被动地分散时，你能够与自己的内心真正对话。独处的核心在于，你能在这种状态下，清晰地看见自己最深层的需求，厘清事情的复杂性及其对你的影响，从而找到解决问题的方式。具备独处的能力是情感成熟的重要标志之一。当我们在现实中面临困境，或者受到心理创伤的长期困扰时，独处能力显得尤为重要。然而，独处并不简单，它需要巨大的勇气，那么，如何提高自己的独处能力呢？

1. 渐进式拓展独处的"舒适区"

　　如果你之所以缺乏独处能力，是因为你的成长环境不友好或有过负面的人际经历，那么勇敢面对这些记忆是第一步。独处时，过去的负面记忆或情绪，如恐惧、痛苦或强烈的孤独感，可能会浮现。面对这些感受时，重要的是先接受它们。如果过于难受，可以寻求外界的支持（比如寻找心理医生），不必强撑；如果可以忍受，不妨一点点拓展自己的"独处舒适区"。比如，每天给自己 15 分钟的独处时间，专注于内心感受、做手工或听音乐。随着时间的推移，你的独处能力会逐步提高，焦虑感也会逐渐减弱。

2. 学会与情绪共处

当你能够在独处时耐受住一些负面情绪而不逃避时，你会发现这是一个自我修复的过程。独处不仅是面对情绪的挑战，更是与内心需求的对话。这种内省能帮助你更清晰地看到自己真正的需求和愿望，并逐步增强你的内在力量与自我控制感。

3. 培养兴趣与自我成长

培养新的兴趣爱好也是提升独处能力的重要途径。你可以通过阅读、写作、绘画、冥想等方式，丰富自己的精神世界，享受内心的宁静与满足。这不仅能帮助你打发孤独，还能促使你在独处中发现更多自我成长的契机。

我曾问过一位单身的女性："你害怕孤独吗？"

她回答道："刚步入社会一个人住的时候，家里很安静，想听点声音就放有声小说，无聊了就刷微博、抖音。一直刷到晚上，感觉饿了，再点个外卖，边吃边继续刷微博、抖音，最后倒头就睡。说真的，这种孤独感很令人窒息。"

我问："那现在呢？"

她笑着说："现在肯定不会啦！我会给自己找点事做，一个人逛逛街，打扫一下房间，学点厨艺，看看书，健健身，时间过得很快，觉得自己过得太充实了。"

她的回答让我想到了小孩子"自娱自乐"的画面，虽然少了热闹，却充满了情趣。曾经她惧怕孤独，而现在她提高了自己的独处能力，学会了一个人也能把生活过得有声有色。这不就是孤独所带来的成长吗？

孤独是一场人生修行，它让我们在嘈杂中寻得宁静，在繁忙中重新找到自己，让我们更加清晰地看见自己的内心。在孤独的时刻，我们可以避开外界的干扰，去追问自己真正想要的是什么。加西亚·马尔克斯说："生命从来不曾离开过孤独而独立存在，面对孤独，我们能做的就是爱上它，并且享受它。"当我们学会拥抱孤独时，我们不再依赖他人来填补内心的空白，而是能够从内在找到力量和安宁。让我们在孤独中沉淀、成长，并发现生活的美好与自由。

07

岁月之美自由之路

　　说到自由，很多人可能会理解为它的表层含义，即"随心所欲"的自由，比如说走就走的旅行，想怎么穿就怎么穿的衣服。这样的自由看上去充满诱惑，仿佛只要愿望足够强烈，生活就能按照我们的设想展开。然而，现实是，生活并不会一味地满足我们的欲望。随着愿望的增加，限制和束缚也随之而来。我们不可能永远"随心所欲"，总会遇到超出我们掌控的因素。

　　真正的自由，并不是随性的，而是在于我们能够掌控自己的人生，做出符合自己内心的选择。选择权不仅关乎我们的行动，更关乎我们内心的解放。如果选择权被剥夺，我们就会被束缚在无法改变的现状中，无法实现自我价值，无法追求内心的真正需求。

因此，选择才是最大的自由。

在与各种各样的女性接触的过程中，我发现，很多女性在生活中过得很不舒服，有一种束手束脚的感觉。经过了解后我发现，她们这种束缚的状态往往来源于缺乏选择权，比如，她们被迫做着自己并不喜欢的工作，或是进入了不符合自己期待的婚姻。这些选择往往不是她们真正想要的，但由于缺乏自主权，她们只能在不情愿的境地中苟且生存。她们的生活被迫限于既定的框架中，内心的自由与满足感被严重压抑。

我们可以想象一下，或者读者朋友也可以代入一下自己：当你因为社会压力和家庭期望而选择了一份自己并不热爱的职业，你每天重复着这份枯燥的工作，感到身心俱疲。人们不知道的是，你的内心渴望成为一名画家，创作是你从小的梦想。然而出于现实原因，你不得不继续待在你不喜欢的岗位上，日复一日地机械工作，没有激情，也没有畅想。这种境况是如何造成的？正是缺乏选择权让你陷入了生活的被动局面，也剥夺了你真正的自由。

无论是选择职业，选择伴侣，还是选择生活方式，这些决定都是构成我们人生的关键要素。如果我们能够自主选择，就能活得更符合自我价值，也能够更好地应对生活中的各种挑战。相反，如果我们失去了自主选择的权利，总是被那些我们不想要的选项主动选择的话，我们的生活就会进入"不情不愿"的死胡同，很难阳光起来。所以，只有当我们有足够的底气自主做出选择的时候，我们才能拥有最大限度的自由。

然而，真正拥有选择的自由并不是一件容易的事。在现实生活中，我们女性由于社会环境、经济条件或是家庭责任，常常面临各种限制。即使我们渴望改变现状，真正的选择权却被压制在现实的束缚之下。在这种情况下，我们只能通过提升自身的能力来争取更多的选择权，从而勇敢追求自己内心的真正需求。

那么，我们应该从哪些方面提升自身的能力呢？

1. 经济独立是女性迈向自由的第一步

经济独立不仅是指拥有一定的财富或收入，更意味着你能够自主做出生活中的各种选择，保持尊严，拥有发言权和自我决定的权利。这种独立不仅是物质层面的，更是心理和情感上的自由。在现实生活中，许多女性由于经济原因不得不接受不喜欢的工作或处于不满足的关系中，不能按照自己的意愿生活。经济独立让她们能够摆脱这些外在压力，按照自己的价值观和愿望生活。

然而，实现经济独立并不容易，它需要时间、努力和智慧。对于大多数女性而言，这意味着在职业发展上持续努力，提升个人技能和能力，也意味着在理财方面做出明智的决策。虽然这将面临挑战，但仍希望经济独立的目标能成为你的一种动力，促使你不断追求自我成长和独立。

2. 保持理性，不能让感情成为你前进的绊脚石

毋庸置疑，感情是女性生活中不可或缺的一部分，它让人感受到爱的温暖、支持与力量。然而，感情并不是生活的全部。过度沉溺于情感世界，甚至为了爱情而放弃自我和梦想，最终会让你在生活中失去平衡和方向。

许多女性在感情中容易迷失自己，尤其是在年轻时，常常为了爱情而做出冲动的选择。比如，有人会为了追随伴侣的脚步，放弃自己长期以来所追求的事业目标；也有人会因一时的感情不顺而陷入迷茫，忽略了自身的成长。这种情感冲动固然可以理解，但它不应该成为女性在生活中做出重大决定的驱动力。

独立与理性是女性面对感情的最佳武器。当你拥有一项充实的事业、明确的人生目标时，爱情就不再是生活的唯一支柱，而是锦上添花。它不再会束缚你，也不再会成为你前行的负担，而是你自由飞翔时的陪伴。因此，女性在面对感情时，一定要学会理性看待，不要让情感成为自己成长的阻碍。

3. 不断学习

所谓"活到老学到老"，这句话永不过时。不断学习是争取更多选择权的关键途径。我们女性通过学习可以提升自身能力，创造更多的可能性。无论是职业技能的进步，还是个人素养的提升，学习都能让我们掌握更多工具，更有底气在生活中做出选择。

　　此外，学习还让我们获得独立思考的能力，培养出一种批判性思维，不再被动接受别人的意见，帮助我们在各种关系中保持清醒的头脑，不被感情和外界影响左右，从而为自己争取更多的选择自由。

　　能力的提升使我们不再局限于被动接受现状，而是能够主动创造和追求属于自己的生活。我们不再因为缺乏选择权而勉强自己接受不喜欢的工作、婚姻或生活方式，而是能够根据自己的意愿做出明智的决定。我们的人生将告别"凑合"和"将就"，真正拥有各种选择的自由。而选择是人生的主动权，当我们具备了做出选择的底气时，才能掌控自己的命运，过上理想的生活。

08

身心合一消除内耗

　　随着生活节奏的加快，越来越多的人变得容易被各种杂念纠缠，内心的焦虑与纠结逐渐积累，内耗成为一种无形的精神苦役。对于女性来说，由于社会的多重压力和自身的性格特点，我们所面临的精神内耗问题更加严重。无论是在家庭生活还是职场奋斗中，许多女性难以避免地在内心上演"内耗"的戏码：自我怀疑、情感纠结和过度担忧。这种精神内耗不仅耗费了大量的精力，还导致了焦虑、抑郁等心理问题。要消除内耗，关键在于转变思维方式，学会接纳自己，并找到内在的力量。

　　如何通过一些顶级思维方式来消除内耗，重获内心的平静呢？希望以下六种思维方式可以为女性朋友提供一条通向内在自由的路径。

第一，永远不要抱怨已经发生的事情，要么接受，要么试图改变。抱怨是内耗的主要来源之一。无论是工作上的挫折，还是生活中的不如意，抱怨不仅不能带来任何实际改变，反而会加剧自我消耗。心理学家苏珊·大卫指出，情感陷入抱怨模式时，我们往往会忽视自己应对问题的实际能力。比如，很多职场女性在面对工作压力时，会因为同事或上司的言行感到不满，不断抱怨工作环境的不公平。然而，抱怨只会增加心理负担，真正的转变来自行动。我们可以通过调整心态，接受那些无法改变的事实，或者积极尝试改变现状。正如大卫·戈金斯所说："你无法选择外界发生的事情，但你可以选择如何应对。"当我们学会不再为无法控制的事情抱怨，而是专注于自己能做的部分，内耗自然就会减少。

第二，不要对过去的错误耿耿于怀，所有的纠结不过是历史的尘烟。很多女性在面对过去的错误或不如意时，往往陷入无休止的反思和自责中。比如，一位母亲可能会因为一次对孩子的不当批评而感到深深内疚，甚至怀疑自己并不能胜任母职。这种对过去错误的执念，实际上是一种情感内耗。心理学家乔丹·彼得森所说："过去无法改变，纠结过去的错误只会让我们在前行的路上背负沉重的包袱。"学会与过去和解，将注意力转向当下和未来，才能走出自责的泥潭。毕竟错误是生活的一部分，我们从中学到的经验才是成长的关键。

第三，专注于现在，不要羡慕别人，因为别人也在羡慕你。社交网络的发达让人们看到了别人生活中光鲜亮丽的片段，但往往忽略了对方背后的艰辛。很多女性会在无意中陷入对他人的羡慕与比较中，觉得自己的生活远不如他人。这种对他人的羡慕和焦虑，也是一种内耗的表现。相关研究表明，社交媒体的"幸福秀"往往并不真实，背后隐藏着每个人的生活挑战与压力。例如，一位看似事业成功的女性可能正面临着巨大的家庭压力，而你所羡慕的只是她展示的表面。当我们专注于当下的生活，而不是一味地与他人比较时，才能发现自己所拥有的幸福与美好。正如禅宗所言："当下即生活，专注于此刻，便是快乐的源泉。"

第四，一个人的生活也可以很有意义，不要过度依赖别人，也不要抱怨自己没有朋友。女性在生活中常常倾向于依赖情感关系，特别是在伴侣或朋友的支持上。这种依赖如果过度，便会产生心理负担和内耗。事实上，独处并不意味着孤独，反而是重新发现自我、实现自我价值的过程。许多女性在失去一段关系后，便会感到生活无趣甚至空虚，仿佛依赖他人才能获得生活的意义。然而，一个人的生活依然可以充实而有意义。独处时，可以专注于个人成长，培养兴趣爱好，从而在独立中找到内在的力量与满足。

很多励志案例证明，无数女性通过独处反而学会了如何更好地与自己相处，这为她们今后的生活带来了更多的平和与自在。

第五，不要期望任何人能够完全理解你，哪怕是对你最好的人。女性在亲密关系中，常常希望伴侣或家人能够完全理解自己的情感需求和想法。然而，期望过高往往导致失望与内耗。每个人都有独特的经历、思维方式和情感感知能力，即便是最亲密的伴侣，也无法做到完全理解另一个人的内心世界。关系健康的基础在于接受对方的不完美，而不是期望对方时刻理解和满足自己的所有需求。与其期望他人的理解，不如学会接纳人与人之间的差异，减少不必要的期望，这样才能避免因误解和失望而带来的内耗。

第六，无论何时何地，都要有能力改变自己，即使处于困境，也要保持向上的勇气。我们在面对生活中的挫折时，常常容易陷入无力感，觉得自己无法改变现状。但在我看来，乐观可以成为我们走出困境的关键。所以，即使身处低谷，我们也要有能力去改变自己的心态和生活状态。比如，当我们在职业生涯中面临职场天花板时，可以选择通过不断学习和提升自我来打破自身原有的局限。保持勇气和信心，坚信自己的力量可以改变一切，是消除内耗的重要一环。正如曼德拉曾说过的："困难不仅仅是考验，也是我们成长和超越自我的机会。"

总之，消除内耗需要我们通过改变思维方式，找到内心的平衡与力量。我们无法控制生活中的每一个细节，也无法避免所有的困境与挑战，但我们可以通过接受现实、专注当下、减少对他人的依赖与期望，最终获得内心的自由。每一位女性都拥有改变自己、实现自我超越的能力，唯有消除内耗，才能走向更加丰富和从容的人生。

六

成为光，归于爱

01

爱自己是终生浪漫的开始

　　当你能够坦然面对自己，并遵从内心的想法时，你的人生才真正有了意义。自爱是每个人一生中极为重要的课题。从小，我们被教育要懂事、听话、谦让，多为他人考虑，才能被认为是"乖孩子"。但从未有人教我们，如何去爱自己。为了做父母眼中的乖孩子，我们常常在长辈面前言听计从，即使内心有时感到极度委屈，也不敢反抗。成年后，我们依旧对每个人和和气气，从不发脾气，小心翼翼地维系着每一段关系，不敢拒绝任何请求。即使被冒犯，内心不快，我们也常常强颜欢笑，害怕被认为小气。

　　然而，当你开始真正爱自己时，你会发现整个世界也开始对你友善起来。相反，如果你不爱自己，你会发现难以得到别人的爱。

你可能一直在付出，却没有收获，这是因为你从未学会真正地爱自己。很多人可能会说："我并没有亏待自己，我吃得好，穿得好，也会花钱在自己身上。"但这些外在的物质满足，并不等同于真正的自爱。你内心可能依然压抑、焦虑，甚至抑郁。这些深层次的问题，并不会表现在外表，而是内心的真实感受。

当你觉得自己不够好，不敢拒绝，委曲求全，妥协退让，甚至内心充满恐惧时，这都是因为你没有充分地爱自己。学会爱自己，才能教会别人如何爱你。你对待自己的方式，就是教会世界如何对待你。爱自己是一种丰盈而自然的表达，而不是勉强的付出。真正的爱是如流水般滋润一切，而不是挤牙膏式的努力。

作为女性，我们天生具备以柔克刚的特质。我们是一个容器，只有当我们自己装满了爱，才能让这份爱自然流淌，滋养他人。如果我们自己只是半桶水，分给丈夫一点，给孩子一点，很快就会枯竭。因此，只有先爱自己，你才能拥有持续的爱的能力，并教会别人如何爱你。

自爱是一个多维度的课题，不仅是物质上的满足，更是精神层面的成长。当你感受到内心的丰盈和能量，你就不再在意别人是否爱你。真正的自爱是独立的，你可以在精神上自给自足。当你不再依赖他人的爱时，你反而更容易得到爱，因为你不再需要外界的认可来证明自己。

自爱力的成长是有步骤的。首先，你要了解自己，知道自己是谁，想要什么。其次，你要接纳自己，允许自己不完美，并悦纳当下的自己。最后，你要具备自我满足的能力，能够照顾好自己的需求。

王尔德曾说："爱自己，才是终生浪漫的开始。"深以为然。只有懂得如何去爱自己，才能拥有让自己幸福的能力。幸福不仅是一种感受，更是一种能力。当你能感受到幸福时，你就是幸福的。

《林徽因传》里有一句话："真正的平静，不是避开车马喧嚣，而是在心中修篱种菊。"即使生活如流水般匆匆而过，只要你能够消除杂念，就能在内心找到宁静。爱自己，安静做好自己，不必理会外界的纷扰。在他人的误解中，依然能够从容地做自己。

爱自己，还意味着在生活中找到幸福的细节。累了，就抱抱自己；烦了，就出去走走，拥抱大自然。特别的日子里，为自己买束花或吃顿大餐，给生活增添一点仪式感。这个世界上，最懂你的人莫过于你自己。

学会真正爱自己，才能发自内心地感到快乐。观察生活中的美好，提升审美力和生活质量。这种美不仅来自外界，更来自内在的心绪和感知。

爱自己，意味着你要有足够的能量去面对生活中的一切。当你内心丰盈而自足时，幸福感便会自然流淌。希望每一个女性都能学会爱自己、善待自己，让未来充满温柔与美好。我把在线下课堂里经常说的一句话送给你：人们不会因为你缺爱就有人爱你，只有你更爱自己别人才会以你喜欢的方式爱你。

02

勇敢地做真实的自己

回顾我这 16 年的教育之路，曾在百座城市巡讲女性魅力课程，历经千山万水，见识了天地之广阔，也遇见了无数的人。我见过天地见过众生，然而唯独我未曾真正见到自己！家庭生活将我带到了真实的自我面前，让我看见了自己的孤独与敏感，暴露了我的傲慢与偏执，显露了我的爱与慈悲的不足。一个人没有敬畏便未曾开始，没有悲悯便未曾入门。我深刻领悟到，作为一个分享者，如果爱没有增长，一切优势都将变成炫耀的资本。过去的成功光环，如果一直放不下，将会成为一个人重新开始的最大障碍。

一滴水虽小，若想要不消失，就要融入大海，与大海同在，你本就是大海，只是你遗忘了自己的真面目。摧毁、放下、重建、彻底接纳、自我更新，是一个特别痛苦的过程，如同凤凰涅槃，但等你穿越之后内心却充满了喜悦和自在。全然接纳自己和周围的一切，生活的真谛教会我在平凡和普通的事物上倾注深情。感受到每一丝烟火气息，一切关系开始变得美好圆满。

如今的我不再被任何定义束缚，也不被过去的光环桎梏。放下过去的一切，我成为真实的自己。庆幸初心未改，不念过去，不惧将来，守住初心，成为一个爱的布道者。初心如一，如你所是。

在修行圈子和心灵成长领域，真实的自我已成为一个热门话题。不同的老师、导师、大师不断强调这一点，背后的意思是：如果你不活出真实的自己，这一生便虚度了。想要活出真实的自己，前提是对自我关系的深度思考。所谓活得明白，实际上就是能够看清你所面临的问题，同时找到解决问题的路径。大多数困惑围绕家庭角色展开，如父母不理解、伴侣不争气、孩子不听话等，此外，还有更深层次的矛盾，如自我定位和成长方向的迷失。在心理学上，有一个普遍原则：越是想改变他人的人，越是需要自我改变。谁痛苦，谁咨询；谁改变，谁受益。因此，解决所有看似外在的矛盾，最终都要从自身开始。

当我们内观自己，要求自己改变，就会发现解决问题的路径变得更加清晰简单。自我关系，即与自己的关系，涉及身体与精神、思想与内在、社会存在与家庭存在、大我与小我之间的关系。

自我关系的理解是关于自我定位的关键：你是怎样的人，你决定活出怎样的自己，你如何实现自己的价值？

我们的一生，随着年龄的增长，所遇到的迷茫和问题都与自我关系有关。找到清晰的自我定位，即明确自己能做什么、想做什么以及如何去做。这三个维度是探索自我定位的重要步骤。首先，思考你能做什么，比如你的专业背景、技能优势等。其次，思考你想做什么，即使能力尚不足，也要学会借助外部资源。最后，思考你如何做，即行动方式和步骤。定位过程包括选择与放弃，是认识自己、增强自信、自律的过程。自律不仅是知行合一，更是自由的前提。

做真实的自己就是完全接纳自己，既包括优点，也包括缺点和失败。缺点与失败可以成为人生的巨大财富，因为它们是你真实人格的一部分。我曾经历过无尽的疲惫与信仰的迷失，面对行业的信念崩塌，开始深度思索如何帮助更多人。我意识到，做真实的自己才是最重要的。

名誉、金钱、地位、他人的赞美，如果过分看重这些外在的事务，将无法审视内心，无法看到真实的自我。活出真实的自己，不被外物和他人评价左右，运用上天赋予的能力，积极利用现有环境去做应该做的事情，这是一种简单而深刻的生活方式。

人贵在自知，就如热带雨林中的树木与苔藓，各自知道自己的需求并安然生长。我们每个人都有自己的使命，不因平凡而自卑，也不因高贵而骄傲。每个人都是独特的存在，拥有自己的闪光之处。我们应遵从生命的规律，在适当的时机发芽、开花，做到极致地绽放自己，活出真实的自我。

不必羡慕他人的完美，不必攀比财富地位，也无须抱怨生活的波折。找到自己所喜欢的，走适合自己的道路，就会有最美的收获。无论遇到什么境遇，都要坦然面对，把一切经历当作生活的馈赠。生命是一个体验的过程，简单的生活往往最幸福。多一些感恩，多一些知足，不为昨天懊恼，不为明天焦虑。知足常乐，珍惜眼前的日子。

03

因上努力果上随缘

常常听到有朋友向我诉说他们的困惑：不论他们怎么努力，结果总是达不到预期，甚至离理想目标相差甚远。这种感觉如同在广袤的沙漠中奔跑，虽然心中充满了期望，但终点依然遥不可及。对于许多努力奋斗的女性来说，面对这种事与愿违的境地，心中的失落与焦虑尤其明显。在这种时刻，他们往往会对自己的付出产生怀疑，甚至质疑努力是否值得。

每当这时，我会告诉他们，我们不妨换一种心态行事。古语云，"冯唐易老、李广难封"，从古至今，这世间的憾事可谓不胜枚举。任何人做任何事，都希望有一个好的结果，可是这个结果却是未知的，答案只能在最后一刻揭晓。我们总不能因为害怕失败而选择不做吧？更不能因为总是失败而选择摆烂吧？万一这一次就会成功呢？如果我们不去做，它将成为永远的遗憾；如果我们做了却失败了，但也体验了失败的滋味，悟出了一些失败的教训，岂不比没有体验好？所以，我们首先应该明白，努力的真正意义并不在于结果，而在于过程中所体验到的成长和收获。

从田间的耕作到人生的历练，这个世界从不曾有不劳而获的捷径。无论我们想要收获什么，都得靠自己去播种、耕耘和浇灌。正如小时候，我看到父母在田间劳作，只有认真照顾土地，秋天到了才会收获满满的粮食。人生也是如此，别抱怨生活不公平，别羡慕他人的成功，每个人的成就背后，都有自己付出的汗水与努力。而每一滴汗水，都是人生道路上留下的足迹。当我们全力以赴，内心也会平静和满足，因为我们知道自己已经做到了最好。

然而世事无常，很多时候，即使我们竭尽全力，结果仍然未尽如人意。这就如同在暴风雨中航行，无论我们如何努力调整航向，风向和波涛依然难以预料。我们为之付出的每一分努力，仿佛在海洋中抛洒的珍珠，虽然希望它们能照亮前行的道路，但有时却难以找到合适的归宿。这不仅是对努力结果的考验，更是对我们心态与坚持的挑战。在这无常的世界里，努力并不总能立即带来我们想要的成果，然而，正是这种无常和变幻，让我们更加珍惜每一次努力的机会和每一步成长的脚印。因此，我们应该学会随缘。

随缘并不是让我们放弃努力，而是提醒我们用更平和的心态去面对结果的变化。

"谋事在人，成事在天。"我们可以尽自己的最大努力去谋划，去实现梦想，不问结果。一个聪明的女人，懂得在付出努力后，放下对结果的执着。她明白，努力是一种态度，结果是命运的安排。与其焦虑不安，不如享受努力过程中的每一分每一秒。人生中的得失、悲喜，都如花开花落，最终化作尘土，随风飘散。我们无法牢牢掌握一切，只能把握当下的自己。唯一值得珍视的，不是那些不确定的未来，而是每一个当下瞬间。如何活好每一刻，便成了我们一生的课题。

孟子说："尽心尽力，而后听天由命。"人生有太多事情不可预见，我们能做到的就是在"因"上下功夫，在"果"上随缘。正如王阳明先生所言："立志用功如种树，方其根芽，犹未有干，及其有干，尚未有枝。"种树时，我们只管精心灌溉，而不必急于去想象枝叶、花果。只要根基扎稳，结果自然会在时光的打磨中呈现。

最终，真正的幸福并非来自结果的成败，而是来自我们在追求过程中所体验的每一份喜悦与挫折。用心享受每一段旅程，接受生活中的每一次变幻，以平和的心态面对未知，便能在无常的世界中找到一份内心的安宁。我的前半生我最不遗憾的是任何事情我都努力到无能为力，极致到问心无愧，无论身处什么样的境地我从未放弃，这样的人生，才真正充满美好与充实。因上努力，果上随缘，是我们对待人生的智慧所在，也是一种让我们在风雨中从容前行的力量。在不断追求中，我们不仅成长为更好的自己，也学会了如何在结果未如预期时，依然能够微笑面对生活。

04

红尘处处是修行道场

经常有人问我，玥老师，我应该去哪里修行？我告诉他（她），只要用心，红尘处处是道场，修行就在我们当下。

在我们每个人的生命中，都会遇到许多挑战与困惑。有时是婚姻中的不幸，有时是工作中的压力，有时是内心的迷茫和孤独。这些看似负面的经历，成为我们生活中的"阻碍"，使我们焦虑、烦躁甚至颓废、堕落，殊不知它们却是我们成长的契机——是我们生命的"道场"，是我们真正修行的地方。当我们不堪承受生命之重，去寻觅那修心的道场时，却不知道自己已经身在道场中。修行不在高山，不在远林，也不在庙宇，修行就在我们当下，在每一个受难处。而一个人最难的修行，就是活在当下。

生活中每一个实际问题，都是修行的入口。女性作为情感和生活中的主要承载者，无论是在处理夫妻关系时的无奈，还是面对育儿和家庭责任的焦虑，抑或在工作场合与同事的复杂互动中感到疲惫，这些都是修行的场所。所谓修行，就是面对问题、处理问题，平心静气地看待和解决一切问题。只有当我们学会在每一个困境中找到平静，才能真正体会到修行的意义。不是逃避这些问题，也不是寻求一种远离尘世的安宁。

修行不应成为心灵的逃避或娱乐。很多女性在生活的重压下，会感到困顿与迷失，于是就想逃离现状，寻求一种远离尘世的安宁，比如去暮鼓晨钟的深山古寺寻得清静。然而，这可能使你暂时忘掉现实的烦恼，却无法真正解决问题。因为真正的修行并非在外部世界寻找解脱，而是在内心世界找到平和。你所在的每一个问题处、每一个痛点，才是真正的修行道场。如果你和伴侣关系出了问题，那么这段关系就是你修行的道场；如果你与同事关系紧张，那么这个职场就是你修行的道场。我们不能逃避这些问题，不能让它们成为"他日再处理"的烦恼，而应该正视它们，在当下解决。修行不是等到将来某个虚无缥缈的时刻，而是现在，立刻。

我有一位女性朋友，她在事业上游刃有余，婚姻却充满波折。她的丈夫长期忽视她的情感需求，导致他们的关系逐渐疏远。她曾试图通过外部寻找慰藉，参加冥想课程，拜访心灵导师，甚至一度想要离开家庭，以为如此就能找到真正的宁静。然而，她最终发现，无论如何试图从外界寻求解脱，真正的问题依然存在于内心。她逐渐意识到，修行不在别处，而是在与丈夫的每一次争执中。于是，她开始平心静气地面对婚姻中的每一个问题，一次次耐心地与丈夫沟通，而不再试图逃避，也不再用冥想和心灵课程去麻痹自己。在她的不懈努力下，她最终与丈夫重建了彼此的理解与信任。

这就是修行的力量——它不是为了向别人展示"看，我修行得多好"，而是向你自己展示"看，这个问题难不倒我"。真正的修行，是你在面对痛苦时依然能够保持内心的宁静，是你在每一次困难中找到解决之道，而不是将问题推到明天或他人身上。修行的智慧，不是为了将你带离现实，而是为了让你在情绪中找到平衡，能够更加从容地面对现实。当愤怒、焦虑、恐惧来临时，我们要学会觉察它们的存在，而不是被它们控制。修行的精髓在于，每一次情绪的波动都是一个机会，它让我们有机会去深入了解自己，去解开内心深处的结。

修行不只是为了见证我们的"本来面目"，还要见证我们每一个痛苦的时刻、每一个卡住的情绪。证悟的发生，必须在当下的具体事情和念头中，而不是在将来的某个理想状态中。当我们能够在每一个当下觉知到问题，并立刻着手解决时，我们的修行就已经开始了。修行不在于猜想未来，而是回归当下，感知并处理现实中的问题。

古罗马诗人奥维德说："过不好今天的人，明天会过得更糟。"一个人如果无法珍惜当下的时光，人生很可能会陷入混乱、压抑和迷茫。倘若我们总是活在过去的阴影中，或者沉迷于对未来的忧虑，那便很难真正享受生活的每一刻。修行的关键在于"当下"。学会在当下修行，意味着我们要学会放下过去的重担，也要学会不被未来的未知困扰。当一个人真正做到活在当下，他的内心将会变得更加平静与丰盈。人生中的风风雨雨不再是困扰，而是一次次的学习和成长的机会。生活中的美好，也会在他平静的心境中更加清晰可见。无论是幸福的时刻，还是挫折的挑战，都是人生中精彩的部分，它们共同编织出了我们丰富的生命体验。

05

孝顺是需要智慧的

《论语·为政》载，子夏曾问孔子孝道何在，孔子答曰："色难。有事，弟子服其劳，有酒食，先生馔，曾是以为孝乎？"

意思是说，尽孝最难的不是替父母做事或提供物质上的照顾，而是能够常怀恭敬之心、和颜悦色地对待父母。生活中，照顾父母的日常起居，提供食物、衣物等物质支持虽然也是孝顺的一部分，但要在内心保持对父母的尊重与谦和，始终给他们好的脸色看，才是最难的。这种要求超越了物质层面的尽孝，更深入情感和心灵的沟通层次。因此，"色难"不仅是孝顺中的难点，也是日常人际交往中的普遍难题。

色难，难在何处？难在保持一颗恭敬的心，难在有一个谦和的态度。随着我们逐渐成长，尤其步入成年后，人与人之间的关系常常因为生活压力、琐事繁忙而变得复杂。对父母而言，尽管我们感激他们的养育之恩，却容易因日常的点滴矛盾而变得不耐烦。很多时候，我们对外人保持礼貌与克制，却把最坏的一面留给了家人和最亲近的人。遇到事情不顺时，常常无端发泄，甚至不给父母好脸色看。这种行为其实源于缺乏对亲情的真正敬重。例如，有的父母喜欢唠叨，反复说起旧事。这时，子女如果能够耐心倾听，并以温和的态度回应父母的情感诉求，父母自然会感到被尊重，内心的孤独感也会有所减轻。而如果子女表现出不耐烦，甚至打断父母的讲话，这样的态度无疑会伤害父母的感情。

孝敬不仅体现在物质的奉献上，更多地体现在精神和情感层面。色难不仅强调了内在的修为，也揭示了一个深刻的道理：一个真正有修养的人，能始终对身边最亲近的人保持良好的情绪和态度。古语云："百善孝为先。"孝道不仅是为了满足外界的道德要求，更是一个人内心修炼的体现。对父母和颜悦色的态度，源自对他们发自内心的敬重和爱护，而不是单纯的表面行为。

同样的态度问题也反映在现代社会的价值观中。现代人生活节奏快，压力大，情绪易波动，在家庭中常常表现出"对外温和，对内冷漠"的现象。许多人在工作中能够做到礼貌、耐心、宽容，但一回到家里，就对家人表现出不满和急躁。这种态度上的不一致，实际上是一种对亲情的忽视。正如孔子所言，真正有教养的人，懂得将温和的态度和善良的情感留给身边最亲近的人，而不是把最坏的情绪发泄给家人。

这个问题在心理学中也有所探讨。研究表明，家庭成员之间的关系往往最为亲密，但也最容易出现情绪化的沟通。我们对亲人的期望更高，往往因为彼此的过度依赖，而在遇到矛盾时反应更加强烈。例如，在亲密关系中，伴侣作为与我们共度一生的人，理应得到我们最多的关爱与理解，然而许多人却常常因为生活中的琐碎问题而对伴侣态度冷淡，甚至言语刻薄。夫妻之间的和谐不仅取决于物质的互助，更需要情感的理解和尊重。如果不能保持对伴侣和颜悦色的态度，婚姻很容易陷入冷漠和疏离的状态。

我们可以观察到，生活中常见的夫妻争吵，多是源于一些微不足道的琐事。有时，一方在外工作忙碌，情绪低落，回到家中便对另一方发脾气；另一方则因为不满对方的态度，越发冷漠，最终导致矛盾激化。如果此时能心怀敬重，用谦和的态度对待彼此，很多问题其实都能在沟通中化解。而那些一直在婚姻中维持和谐的伴侣，往往能在彼此最疲惫和脆弱的时候，用温柔的态度化解紧张和冲突。正如英国作家萨克雷说的："家庭是文明的核心，爱的和谐是家庭幸福的基础。"这与色难的道理一脉相承，只有在最亲密的关系中保持温和与理解，才能真正创造长久的幸福。

同样的道理也适用于我们与子女的关系。孩子是父母生命的延续，我们对他们寄予厚望。然而，许多父母在与子女相处时，往往因为望子成龙的急切心情而对孩子表现出严苛和冷漠，甚至在孩子犯错时对他们发火、不满。虽然严格的教育和规范是必要的，但如果父母始终不能以温和的态度与孩子沟通，孩子可能会感到被忽视或误解，甚至在心灵上逐渐远离父母。

孩子的成长需要爱与尊重的滋养，父母对孩子保持"和颜悦色"，意味着在他们成长过程中给予足够的耐心和包容。正如《礼记》所说："养不教，父之过。"父母不仅要在物质上抚养子女，更要在精神上给予他们足够的关怀和指导。如果父母能始终以温和、尊重的态度对待孩子，孩子将从中学会如何待人处世，如何尊重他人，这不仅对家庭的和谐至关重要，也会影响他们未来的人生观和价值观。

生活中，许多矛盾和不和谐都可以通过色难的修炼得到化解。无论是对父母、伴侣还是子女，只要我们能够时刻保持内心的敬重，谦和地与他们相处，就能让亲密关系中的每一个人感受到爱与理解。这不仅是维系家庭幸福的基础，也是个人内心修养的重要体现。

06

幸福九字箴言

　　《小王子》里说："语言是世界上最具征服力的武器。一句话能让人心情跌至低谷，也能让人重新振作。"心怀美好的人，言语如同春风化雨，滋润心灵；而心怀怨恨的人，言语像锋利的飞刀，不仅伤人，还伤害自己。话语是心灵的出口，进入耳朵的话更需谨慎。尽管世上语言千千万万，但最具魅力的不过9个字："谢谢你""我爱你""你很好"。常说这9个字的人，往往好运常伴，福气更深厚。

　　在现代生活的纷繁复杂中，人与人之间的沟通十分重要，无论是家庭、情侣还是合作伙伴之间，沟通都是维系感情、化解矛盾的桥梁。而在这些情感的互动中，一些简单却深刻的表达方式，往往能给生活带来意想不到的幸福感。"谢谢你""我爱你""你很好"，就可以作为幸福九字沟通箴言，为你的各种人际关系打通脉络。这9个字看似平常，却蕴含了无穷的力量，能够为我们在生活中带来感动、慰藉与支持，帮助我们在复杂的关系中找到内心的平静与满足。

在这九字箴言中，我们日常听到最多的可能就是"谢谢你"。别看这么一句简单到近乎口头禅的话，却饱含深意，十分有力，适用于各种场合和关系，无论是亲密的家人、朋友，还是工作中的同事，甚至是陌生人。这"谢谢你"不仅是在表达感激，还能传递尊重、善意，以及对他人价值的认可。在日常生活中，我们常常忽略这3个字的力量，尤其是在习以为常的关系中。然而，正是这句"谢谢你"，能够让我们与周围的每个人建立更深的联系。

在家庭中，对伴侣、父母或孩子表达"谢谢你"，并不是为了形式上的礼貌，而是为了让彼此感受到关怀与理解。例如，母亲可以对孩子说"谢谢你"，感谢他们的成长与努力，这不仅能让孩子感受到自己被认可，也能教会他们学会感恩他人。同样，夫妻间的感恩可以化解日常生活中的琐碎摩擦，增强彼此的情感纽带。一句"谢谢你"，可以让伴侣知道，他们的付出没有被忽视，而是被珍惜。

在工作中，"谢谢你"同样是不可或缺的。对同事的感激不仅能增进团队协作，还能营造一个积极的工作环境。例如，当同事在忙碌的工作中抽出时间帮助你时，一句诚恳的"谢谢你"能够让他们感受到他们的付出是值得的，并进一步增强团队的凝聚力。在职场中，感谢不仅是礼节性的表达，更是尊重他人劳动和贡献的体现。

甚至在陌生人之间，"谢谢你"也是传递善意的桥梁。比如在超市、餐厅或者公共场所，简单的一句"谢谢你"，可以让服务人员感受到他们的工作被认可，进而提升彼此之间的互动质量。这是一种对人性尊重的体现，无论对方是谁，一句"谢谢你"都能拉近彼此的距离，促进人际和谐。

感恩是一种生活态度，而"谢谢你"就是这种态度最直接的表达。它不仅能温暖人心，还能让人与人之间的关系更加流畅、融洽。在任何场合，学会感谢，意味着我们意识到了别人的付出，同时也在让自己变得更加有爱与包容。对女性而言，表达"谢谢你"尤其重要，因为在扮演多重角色的同时，学会感恩他人能够帮助我们从繁忙的生活中找到一种情感的出口，让爱与善意在生活的各个层面流动。

"我爱你"可能更多地应用于家庭与情侣之间。在许多女性的生活中，爱往往成为一种默默地给予与承载。作为妻子或母亲，女性常常将爱藏在每天的琐碎中，默默地为家庭付出。然而，爱不应仅仅停留在行动中，它同样需要用言语表达出来。尤其是在亲密关系中，爱是连接双方情感的纽带，是传递安全感和归属感的重要方式。常常说"我爱你"，不仅是在表达情感，也是让对方感受到自己在这段关系中的重要性。

然而，中国人的含蓄使"我爱你"的表达可能会有些不自然，甚至觉得这是理所应当不必言说的情感。然而，爱的语言从不应被省略，它是对彼此情感的确认与承诺。当我们对父母、伴侣或孩子真诚地说出"我爱你"时，那些深藏在心底的情感会被放大、被回应，关系因此更为牢固。在情侣之间，偶尔的"我爱你"能让彼此回想起恋爱初期的甜蜜，重新燃起生活的浪漫；在家庭中，对孩子的"我爱你"则是无条件支持的象征，能帮助他们建立起内在的安全感与自信心。

我的一位女性朋友，结婚多年，与丈夫的感情依旧如初，很多人都好奇他们婚姻的秘诀。她分享了一个简单的细节：每天早上出门时，夫妻俩都会互相说一句"我爱你"。看似平常的三个字，成为他们情感的护航灯塔。在忙碌的生活中，这份简短的问候提醒他们，即使生活琐事繁多，爱依然是最根本的情感纽带。这种简单的表达，带来的是无尽的安全感与亲密感。

再看"你很好"，似乎是最容易被忽略却最具力量的表达。这三个字看似简单，却蕴含着深刻的力量。它不仅在亲密关系中有效，而且适用于任何场合。当我们对他人说"你很好"时，无论是在家庭、职场，还是在朋友之间，这都是一种发自内心的肯定与鼓励。

在家庭中，尤其是面对子女，父母的肯定尤为重要。孩子在成长过程中，总是渴望得到来自父母的认同和鼓励。当你对孩子说"你很好"时，这不仅是表扬，更是给予他们一种信心，帮助他们建立自我认知，让他们知道，自己是被认可和珍惜的。这种简单的语言能够让孩子在探索世界的过程中充满自信，不因失败而气馁，懂得自我价值与成长的重要性。

同样，在职场中，"你很好"也是一份强有力的激励。无论是同事、领导，还是员工之间，鼓励和认可始终是推动团队合作和个人成长的关键。当一个员工在努力工作时，来自领导或同事的一句"你很好"，能够让他感受到自己的价值，从而更加投入并积极面对挑战。正面的反馈是提升工作氛围和团队士气的催化剂，这不仅能让个人更有动力，也有助于团队之间建立互信和尊重的关系。

友谊也是如此。当我们对朋友说"你很好"，则是一种无声的支持，告诉他们，你不孤单，在我这里，你是被理解和被认可的。无论是朋友间的互助，还是人生低谷时的陪伴，这样的肯定能够成为彼此之间最温暖的力量。许多人在面对挫折和困难时，往往会自我怀疑，而朋友的一句真诚的"你很好"，能让他们在困境中重新获得力量。

更重要的是，这句话也应该对我们自己说。当你对自己说"你很好"时，这不仅是一种自我肯定，也是一种温柔的自我关怀。你在告诉自己：无论面对什么样的挑战，我都值得被尊重，我的努力和付出是有意义的。

由此看来，无论是在生活、工作还是友谊中，"你很好"都是一种强大的精神力量，它能鼓励、支持、抚慰，甚至改变一个人对自己的看法。这句话不仅传递了肯定，也在无形中激发出每个人内心深处的勇气与信心。

所以，亲爱的朋友，不妨从今天开始，用这9个字去尝试表达你内心的情感。对陪伴你的人说一句"谢谢你"，让他们知道他们的付出没有被忽视；对你所爱的人说一句"我爱你"，让他们感受到你的情感流动；对你关心的人说一句"你很好"，告诉他们值得被珍惜。当这9个字成为你生活的一部分时，你会发现，生活中的爱与幸福会悄然回到你的怀抱，让你在人生的每一段关系中都感受到温暖与力量。

幸福，或许并不复杂，它就在这9个字中。

07

读书可抵岁月漫长

书中自有黄金屋，书中自有颜如玉。

谈到女性读书这个话题，我想我是比较有发言权的。年轻的时候，我曾经受过情感上的伤害，深陷孤独与痛苦之中无法自拔。然而，在那个黑暗时期，我并没有选择沉沦，而是通过读书，尤其是读了一些圣贤之书，逐渐找回了自我。圣贤之书因为它本身具有深刻的哲学内涵，能够成为女性心灵启迪的经典。它教导我们如何认识自我，如何勇敢面对困境，并把内心的光明转化为实践的力量。女性，尤其是现代社会中的女性，面对生活中的种种压力与挑战，迫切需要这样的思想武器来帮助自己不断前行。

在我看来，书籍对于女性的意义，不止在于知识的积累，更是一种精神力量的汲取。古往今来，多少女性通过读书改变了自己的命运，也改变了历史的进程。比如，古代的蔡文姬、李清照，她们虽身处封建社会，但依然通过读书和写作表达了自己对人生的独特见解。又比如，现代的杨绛，她以优雅与睿智的笔触，给无数女性树立了榜样。正如她所言，"读书好，好读书，读好书"，正是这份对书籍的热爱，让她在漫长的岁月里保持了内心的丰盈与淡定。

我时常想，为什么读书对于女性如此重要？或许是因为书籍为我们提供了一个可以依托的精神世界。当现实的生活让我们感到无力时，书籍为我们提供了另一种可能——通过知识和思想的力量重新塑造自己。对于女性来说，读书可以帮助我们更好地理解自我、超越自我。读书不仅是一种修养的提升，更是为生活赋予意义的过程。无论是面对生活的坎坷还是人际的复杂，通过读书，我们可以学会用更加平和的心态去看待问题，从而找到更好的解决办法。

许多人认为，女性的生活重心应该是家庭和婚姻，但我相信，真正强大的女性，不仅停留在这两个领域。读书让我们意识到，女性的世界远比家庭和婚姻广阔。书籍教会我们如何在生活中找到自我，实现自我价值。在读书的过程中，我们会发现，女性也可以拥有丰富的内心世界，拥有属于自己的梦想与追求。正如我在读阳明心学时所感悟到的，内在的觉醒是一切外在成就的根源。当女性意识到自己内心的力量时，就可以不再被生活的琐碎束缚，而是能够用更加坚强、智慧的方式面对生活中的每一次挑战。

在现代社会中，女性读书不再是奢侈，然而，读书的意义却常常被忽视。有人可能会问，读书真的能改变一个人吗？我可以坚定地回答，读书不仅能改变个人，更能影响一个家庭、一个社会。正如秦始皇焚书坑儒的历史事件所揭示的，统治阶级之所以不让奴隶和妇女读书，正是因为他们深知，书籍是一种力量，是通向自由与觉醒的钥匙。如果读书无用，他们为何要如此严厉地禁止呢？

读书对女性的帮助，不仅在于个人的成长与觉醒，更在于它能够让我们在纷繁复杂的社会环境中保持内心的平衡与独立。现代社会节奏快、压力大，女性往往承担着家庭与职场的双重责任，如何在这些压力下保持自我，是我们每个人都需要面对的课题。书籍为我们提供了一种内在的力量，让我们在面对外界的挑战时，能够更加从容自信。通过阅读，我们不仅能够提升自己的知识水平，还能够培养更加宽阔的心胸与独立的思维。

我还记得读《红楼梦》时，贾宝玉与众姐妹在大观园中的那段岁月，虽然那些女子生活在封建礼教的束缚之中，但她们依然通过诗书寄托内心的情感，展现出独特的才华与智慧。正如王阳明所提倡的，内心的光明和外在的行动要合一。女性同样可以通过读书实现这种内在与外在的统一，走出依赖，找到属于自己的精神力量。

读书不仅是一种知识的积累，更是一种精神的修行。每一本书都是一段人生的缩影，通过阅读，我们能够看到不同的人生路径，从而更好地反思自己的人生。在阅读中，我们学会理解他人，理解世界，最终回归到对自我的理解。正如我曾在读王阳明的《传习录》时感悟到的那样，书籍为我们提供了思考的工具，让我们能够在复杂的现实中找到方向。

对于现代女性来说，读书是一种自我提升的途径，更是一种保持内心平静的方式。无论生活如何变化，无论周遭的环境如何复杂，只要我们心中有书，就能在岁月的漫长中找到依托。书籍是陪伴我们一生的朋友，它们见证了我们的成长，见证了我们如何从无知走向成熟，从依赖走向独立。无论在何种境遇中，读书总能为我们带来内心的宁静与智慧。

用诗书养心，宛如一盏清茶，温润了心灵，澄澈了时光。古人言："若有诗书藏于心，岁月从不败美人。"容貌终究敌不过岁月的侵蚀，身姿也难逃时光的摧残。既然外在的美终将逝去，何不以诗书为伴，以内在的丰盈抵挡岁月的风霜呢？

青春如朝露，转瞬即逝；岁月如长河，绵延不息。唯有那埋藏在诗书中的灵魂，可以历经时光洗礼而不朽。人生难免遇到抵达不了的远方、触碰不到的美好，也难免对一些欲望心存遗憾。然而，在诗书的世界中，你能看到江水奔流不息，山外还有山。于是，面对生活的酸甜苦辣、荣辱得失，我们学会从容应对，将它们视为一段段宝贵的经历与成长的见证。在诗书的滋养中，生命不再仅仅是时光的流逝，而成为一场心灵的丰收。无论外界如何变幻，内心的宁静与智慧都能让我们在风雨中稳步前行，岁月的刻痕，反倒成为一种独特的美。

08

我就是那一道光

生命的真谛在于彼此照耀。我们每个人都可以成为那一道光，而这些光芒汇聚在一起，便能照亮世界。

某年三月，天气阴冷，那会我对人的信任和对行业的信念在塌方，我高烧不退，心里很是难过，偏又高烧不退，一个人孤零零地在医院打了一个星期点滴，却没有惊动任何人。倔强如我，从不在人前轻易暴露自己的悲伤。

在我即将离开这座让人心灰意冷的城市的前一天，一位许久未见的朋友约我见上一面，邀请我去公司喝茶坐坐，并提出要向我介绍照亮他的那一道光——A 先生。平时听多了官方的介绍，我当时并没有太当真，这个时代最不缺的就是营销包装出来的商业大佬。就在那个微雨的午后，由朋友牵线，我们还是去到 A 先生公司见了一面。在喝茶聊天的短短几个小时里，当我不经意间听 A 先生讲起他的创业经历和品牌梦想，以及企业的战略规划，我真真切切地感受到他所展望的一切，已然在他心中预演过千万遍。他坦诚自己的品牌刚成立不久，才刚扎根，言辞中丝毫没有任何吹嘘的能量。特别是当他讲到国货之光、民族品牌梦想时，真的犹如一道光耀眼如斯，我看到一个强者如东方狮子般无所畏惧。一个看似如此强大和通透的人，想必曾经一定是经历过无法对外言说的黑夜，感觉他身上有种特殊的气场，这种气场背后好像戒掉了所有人对他的理解和爱，戒掉所有人对他的相信与期待！无为而有为的率性真实，那洒脱坚韧的品格犹如陈年佳酿般浓烈，如同其品牌名字一样彰显着独特的魅力，犹如一道深邃的光！

人与人之间，有时遇见并非努力可以达成，而是上天的一种恩典，于千万年之中遇见你所该遇见的人，时间的无涯，荒野里没有早一步，没有晚一步，刚巧赶上了，原来你也在这里，光是遇见就很美好。生命存活于世，没有谁是不需要别人支持的，没有一颗心是不渴望温暖的，每个看似强大的人都有不为人知的脆弱。如果人人都奉献些许美好，世界会更光亮，如同光与光的照见，无比珍贵，不可言说，仿佛能穿越一切有形，去感受彼此背后所有的情愫和无形，犹如久违的知己好友。

　　记忆早已模糊，但光的温暖会留存于心，从那日起，我似乎找到了天马行空般的灵感，心底迸发出久违的生命能量，多了一份义无反顾、无所畏惧、大胆前行的从容，好像有一份无形的力量遣散我所有的不确定，让生命得到了升华。在沉寂四年后，我毅然决然开启梦想之路，乘风破浪，解开那灵魂的封印，让其在岁月的长河中留下不可磨灭的印迹。

　　人生于世，因爱而来，依光而行，愿你我都能成为那一道光，去照亮这个世界。

　　身为女人，生容易，活容易，而生活却不易。这句话道出了无数女性的心声。在现实生活中，作为女性，我们承受着多重角色的压力：女儿、妻子、母亲，甚至是职场的拼搏者。在这些身份之间来回切换，我们往往忽视了自己的需求与感受，逐渐失去了生活的乐趣和生命的激情。曾经的我也是如此，产后生活的琐碎和重重困境让我一度走到了抑郁的边缘。

　　在那些至暗的时刻，我深深地感受到无助与孤独，仿佛陷入了一片无边无际的黑暗中，找不到前行的路。曾几何时，我也想放弃，我也怀疑过自己的坚持和生活的意义。但最终，在苦难中，我找到了内心的声音，找到了生活的真谛：故天将降大任于是人也，必先苦其心志，劳其筋骨，饿其体肤，空乏其身。这句古语让我明白，所有的痛苦和磨难都是老天送给我的礼物，而它的意义在于让我战胜它们，从中获得成长，并最终用我的经历去帮助更多需要帮助的人，活成那一道光，照亮更多的人。

我从事女性教育行业已有 16 年，见证了无数女性的成长与蜕变。无论她们来自哪里，经历过什么，当她们真正开始觉醒，开始学会接纳自我、面对现实时，她们的生命都发生了巨大的转变。这让我更加坚信，教育不仅是我的事业，更是我一生的使命。因为只有教育，才能真正唤醒生命，让一个人从内心深处获得爱的力量，用生命去影响生命。

我相信，每一个女人都值得拥有幸福，而这种幸福不仅仅是物质上的满足，更是内心的富足与自由。当我们真正从内心觉醒，学会爱自己、接纳自己的不完美时，我们才能拥有真正的幸福。正如我所体验到的，幸福不是一种结果，而是一种状态，是我们对待生活、对待自己的方式。

每个人的梦想都需要他人的支持与鼓励，如果此时此刻，你很强，我们可以共同帮助身边的人变得更强；如果此时此刻，你很好，也请与我们一起，让身边的人变得更好；如果此时此刻你感到幸福，我们可以一起让更多人感受到幸福。

生活中没有人是孤岛，我们的力量源于彼此的支持与陪伴。

在这个充满挑战的世界里，我们每个人都需要找到属于自己的幸福之道。幸福不是一蹴而就的，它需要我们不断地学习、成长和实践。而我愿意与所有的女性同行，帮助她们找到自己的幸福真经，让每个人都能活出自己生命的精彩。

幸福，不在于外界给予我们的评价，而在于我们内心的坚定与满足。幸福就在脚下，当你能够平静地面对生活中的一切，无论是风雨还是阳光，你都会发现，幸福其实一直在我们身边，是我们走向更高境界的桥梁。

"穷则独善其身，达则兼善天下。"在面对生活的风雨时，我学会了如何让自己变得强大；而当我拥有力量时，我也渴望将这种力量分享给更多的人。

作为女性，我们既要拥有温柔的心性，也要拥有不畏艰难、改变命运的力量。这种平衡，就像是阴阳调和，需要刚柔并济。我们要学会在生活中保持优雅与坚韧，既不软弱，也不过于强势。正如水一样，温柔流动，却能穿透任何障碍；又如山一样，屹立不动，却充满爱的力量。愿你我都智爱一生，活出幸福，喜悦绽放！爱是解决一切问题的答案，让一切归于爱成为光。

后记

　　这个时代，神圣的女性能量指的是拥有孕育者、养育者和治愈者的能量，这三种能量配齐，你将拥有先天的女性内核。而神圣的男性能量指的是，作为男性需拥有领导者、改变者和开创者的能量，这三种能量是先天的男性内核。男性和女性自古就是阴阳互生运转，这似乎就是造物主设计的男女先天的基因。随着不同时空能量的变迁，中国女性的地位也有了四大变迁：从女性主导时期即母系社会时期，到女性从属时期即父系社会时期，再到现阶段的女性觉醒时期和女性独立时期。

　　当下的时空能量和时空规则就是处于女性觉醒和女性独立时期。在此时期，女性最大的需求是生命觉醒，也就是参透生命真相——活明白；敢于打破各种枷锁和束缚——活出来，直白地说，就是发现自己、认识自己，活出自己。女性最大的快乐就是成为自己，女性最大的功课就是活出来：活出"少女"的状态，拥有天真、轻盈、顽皮、烂漫的精神属性；活出"恋人"的状态，恋人与女性的性感和神圣的性能量相连，恋人自信、热情并散发出磁性的女性魅力；活出"母亲"的状态，母亲有着慈悲心——强烈渴望保护、滋养和照顾他人，并看着他们因为爱而绽放生命，母亲是无私的，经常将他人的需求放在自己之前；活出"女性创造力"状态，致力于释放真实的自我和创造力，向他人呈现自己心中的真善美，不惧怕外界的评判，她的灵感源于内心深处，是她灵魂的真实表达，她以诚实、正直、精神至上；活出"女王"的状态，作为一个独立而强大的女性，她可以全身心地投入她认定的任何人与事，并且得到成就和成长。

在这个时空下，女性要想活出来，就需要拥有蜕变的智慧，需要拥有一颗凤凰心，不要让自己的心死去，要在极致的苦难中才能极致地涅槃重生。只有知道何以"作茧自缚"，才能获得"破茧成蝶"的智慧。为此，送给女性朋友8个字——降低期待、减少依赖。只有做到这8个字，你才具备强大的能量，强大到可以凭借自己的智慧和勇敢走完生命的全程。

只有当你穿越生命的淤泥，当你经历人生的至暗时刻，当你看见自己情绪的恐惧模式——当你真正敢于面对这些时，你才可能开出生命的真花。所有出世的真花，都需要入世的淤泥来滋养。

当你觉醒后，当你蜕变后，神圣的女性能量才能显现。在当下这个时空，各个维度上遇到的问题，不管是家庭系统还是社会系统，都需要觉醒的女性站出来为这个时代做修补。

希望有缘读到此书的你，能够成为东方智慧下的大女主，只有用古老的东方智慧把自己当大女主来培养，后天返先天，将天性显现出来，你才有可能真正让生命得以绽放。

这个时代，女人最硬的底牌绝不是沉鱼落雁的美丽，也不是幸福美满的婚姻，更不是富有的娘家，而是你灵魂深处的自我觉醒，是你蓬勃向上的持续滋长，是你天顶月圆的丰盈灵魂，是你花开满树的美丽精神，是你永远有源源不断的爱，是你永远有取之不竭的光和暖，是你坚持不懈的努力和强大……这些都会成为你最硬的底牌。女人，就算你没有好的投胎，也没有好的情缘，只要你不断自省和完善自我，不断读书、历练和修行，你就会散发幸福的光和暖，不畏世间任何风雨。

最后把三句祝福的话送给真正的有缘人：愿每一位女性都像菩萨一样慈悲，像天女一样温柔，像度母一样利众！

一个用心生活的人